# Verständliche Wissenschaft

Sechzehnter Band

# Meere der Urzeit

Von

F. Drevermann

Berlin · Verlag von Julius Springer · 1932

# Meere der Urzeit

Von

Professor Dr. F. Drevermann
Universität Frankfurt a. M.

1. bis 5. Tausend

Mit 103 Abbildungen

Berlin · Verlag von Julius Springer · 1932

Softcover reprint of the hardcover 1st edition 1932

ISBN-13: 978-3-642-98718-2 e-ISBN-13: 978-3-642-99533-0
DOI: 10.1007/ 978-3-642-99533-0

# Inhaltsverzeichnis.

# Erster Teil.

# Die Vorgänge im Meere.

## 1. Einleitung.

Für das menschliche Denken ist es schwer, sich die Erde lebendig, die Berge und Täler wandelbar, die Verteilung von Land und Meer veränderlich vorzustellen. Denn der Mensch erlebt bewußt nur Veränderungen der Landschaft seiner Kindheit, die er oder seinesgleichen schafft. Für ihn schoben sich Ahnen und schieben sich Zeitgenossen auf dem gleichen, am Geschehen „unbeteiligten" Schauplatz hin und her, auf dem auch Kinder und Enkel groß werden. Das ganze bunte Leben läuft auf der Oberfläche eines scheinbar unerschütterlichen, in grandioser ewiger Beständigkeit ruhig kreisenden Weltkörpers ab, weil die Beschränktheit der Sinne in erster Linie das Menschliche, das oberflächlich Hinundherfahrende, das Laute und Rasche wahrnimmt, gewaltige allmähliche Verschiebungen aber übersieht, weil sie sich, erst in Äonen sichtbar, ungeheuer großartig vollziehen.

So sehen wir auch nur die ruhelose Oberfläche des Meeres, sehen Brandung, Ebbe und Flut, d. h. die von Kampf und Bewegung erfüllten *Grenzgebiete* zwischen Wasser, Luft und Land. Aber das Meer selbst bleibt für uns dunkel und drohend in den gewaltigen Senken, über die schon Römer und Wikinger, Columbus und Cook fuhren, und auch die bewegten Oberflächenwässer kehren nach jedem Sturm, jeder Hochflut in ihr Bett zurück. Wir horchen zwar manchmal auf, wenn eine zornige Flutwelle weit über das Küstenland fegt, oder wenn eine Hallig in der Sturmnacht versinkt. Denkt aber auch jemand darüber nach, was es bedeutet, wenn unsere Hafenstädte ständig baggern müssen, um ihre Schiffahrtslinien offenzuhalten, wenn Ravenna, eine der Haupthafenstädte der späten römischen Kaiserzeit, noch vor $1^1/_2$ tausend Jahren an der Adria lag, heute 10 km landeinwärts liegt, wenn Helgoland einen Küstenabbruch nach dem anderen meldet? Fühlt jemand in dem sichtbaren Teil dieser Erscheinungen die großartigen stillen Änderungen des lebendigen Erdballs, dessen Atemzüge Jahrtausende währen und doch nur *eine* Regung im ungeheuren Wechsel alles Bestehenden sind? *Hier, im ununterbrochenen, ständig Neues gebärenden Wechsel, liegt das wahrhaft Ewige.* Nicht im Gleichmaß der Wogen oder dem kühlen Geheimnis der Tiefsee, nicht im rhythmischen Auf und Ab der Gezeiten, sondern in den ständigen, Jahrtausende, Jahrmillionen währenden Veränderungen des Meeres selbst, seines Reiches, seines Lebens, seiner Zusammensetzung. Die Ursachen dieser Veränderungen, die aus fast unmeßbar kleinen, über lange Zeiten ausgedehnten Verschiebungen anwachsen, liegen im Weltall, und ihr übermenschliches Ausmaß täuscht uns Beharren vor. Sie lösen gelegentlich, wenn die inneren Spannungen hochgestiegen sind, „Katastrophen“ aus, die im Gleichmaß des Geschehens größere oder kleinere Sprünge bedeuten, im Grunde aber gegenüber der Großartigkeit des immerwährenden, kosmisch bedingten Wechsels untergeordnete Erscheinungen sind.

Seit sich auf der erkaltenden Urerde aus der Uratmosphäre und aus Dämpfen, die das Erdinnere aussandte, *das erste Wasser* niederschlug, trat zu den die Erdrinde umgestaltenden Kräften eine neue. Sie fügte sich, wie jeder neue Faktor, in das Weltgeschehen ein, aus dessen Wandlungen sie entsprang — das Bestehende und sich selbst wandelnd, nehmend und gebend, vernichtend und bauend. Mit dem ersten Niederschlag des Wassers setzte sein Kreislauf ein, der, mit der Sonne als Haupttriebkraft, über Wolke und Regen, Bach und Fluß, in das große Sammelbecken des Meeres zurückführte, Der Ausgleich zwischen Hoch und Tief auf der Erde begann; er dauert bis heute, durch Verschiebungen der Erdrinde ständig neu belebt, und wird dauern, solange die Erde besteht. Was *vor* dem ersten Niederschlag des Wassers war, müssen wir (mit größerer oder geringerer Wahrscheinlichkeit) aus der Deutung mancher Anzeichen im Weltall erschließen, mit denen wir irdische Beobachtungen in Einklang zu bringen suchen. Was *nachher* geschah, spiegelt sich zum großen Teil in den Ablagerungen des Meeres wider, als dem Sammelbecken, in das das strömende Wasser seine Fracht trug. Was auf dem Festland entstand, wurde zumeist wieder zerstört; die Kräfte der Zerstörung lasen eigenwillig einzelnes aus und trugen es hinab ins Meer. Sie mischten auf dem Meeresgrund Fremdlinge unter Bodenständiges, Zerstörungsprodukte unter Meergeschaffenes und bauten so die bunte Mannigfaltigkeit der Schichtgesteine mit ihren Einschlüssen auf, die heute die Erdkruste bilden helfen und in ihrem Uranfang auf die erste Erstarrungskruste und spätere Zufuhr aus dem innerlich glühenden Erdball zurückgehen.

Wir bemühen uns, die Geschichte der Erde aus den Wirkungen der oberflächlichen Geschehnisse in ihrer Luft- und Wasserhülle abzulesen, die mit dem wandelbarsten Element, dem Leben, auf der steinernen Hülle der Erdkugel ihre Spuren hinterließen. Solche Begebenheiten haben für die *wahre* Geschichte der Erde nicht mehr zu bedeuten als Blattfall und Neugrünen für die Geschichte eines Baums. Sie müssen aber für uns maßgebend sein, wie äußere Geschehnisse für die Geschichte der Menschheit, solange wir das innerliche, eigentliche Geschehen und seine Bedingtheit nicht kennen.

Es kann nicht das Ziel dieses kleinen Buches sein, Einzelheiten zu schildern, zumal die inneren Zusammenhänge überall dunkel sind und wir einstweilen nur Geschehnisse aufzeichnen und ordnen können. Vielmehr handelt es sich darum, die *Arbeitsmethoden der Wissenschaft zu beschreiben* und *Probleme aufzuzeigen*, um Freunde zu gewinnen, die mit uns nachdenken. Wir wissen, daß alle unsere Berge und Täler, unsere Flüsse und Seen vergängliche Gebilde sind, daß an ihrer Stelle ein oder mehrere Male das Meer gestanden haben mag, und daß unter der heute scheinbar unermeßlichen und ewigen Wasserhülle des Meeres versunkene Länder liegen mögen, mit Bergen und Tälern, ähnlich denen, die wir unter der Lufthülle vor uns sehen. Über ihnen mag heute das Meer Schlamm und Sand ablagern und die alten Formen verhüllen, bis dann später vielleicht der Meeresgrund wieder emporsteigt und das rinnende Wasser neue Berge und Täler aus ihm herausschneidet.

Wer das Meer selbst in seiner eintönigen Ruhelosigkeit sieht, steht vor einer Werkstätte der Natur, in der sie die Erdteile baut, die wir erst sehen, wenn die Natur das Wasser abfließen oder ihr neues Gebilde emporsteigen läßt. Vom Meere wollen wir ausgehen; seine Arbeit zeitigt Ergebnisse, die wir z. T. im Entstehen sehen können. Sie werden uns helfen, aus entsprechenden Anzeichen auf dem Festlande die frühere Anwesenheit des Meeres und seine Natur zu erschließen. Aus den zahlreichen Einzelbeobachtungen nach und nach ein sinnvolles Mosaik zu schaffen, es ständig aus- und umzubauen, und aus der Tätigkeit der heutigen Meere die Arbeit und die Eigenschaften früherer Meere zu erschließen — das ist unsere Aufgabe. Ihre Lösung wird dazu führen, die Verteilung der Meere der Gegenwart, die Eigenart ihrer Zusammensetzung und Wirksamkeit, die Lebensbedingungen ihrer Bewohner besser beurteilen zu können, so, wie die Verteilung und die Beziehungen der Völker auf der Erde uns klarer werden, wenn wir ihre Geschichte kennen.

Bei Ebbe gibt das *Wattenmeer* (Abb. 1) uns weite Flächen frei. Schlamm und Sand liegen weithin gebreitet; wir sahen vorher, wie die anrollenden Wogen der Flut sie aufarbeiteten und ausbreiteten, wir fühlten an den unbekleideten Füßen das Rieseln der bewegten Sandkörnchen. Wir wissen auch, daß die vom Sturm stärker bewegten Wässer das lose Material noch tiefer aufwühlen und umarbeiten, denn nach dem Sturm ist der Strand oft mit Muscheln bedeckt, die tief im Schlamm leben und nun, ihrem Lebensraum entrissen, sterben müssen. Jetzt liegt die Fläche still unter der Sonne, feucht, nach Fisch und Tang riechend, glitzernd und voll geheimnisvoll knisternden Lebens. Hier und dort liegen Muschelschalen, Tangfetzen, vertrocknende Quallen umher, auch wohl einmal eine Vogelleiche oder ein Stück Holz —

Strandgut, vom Meere angetrieben und spielerisch verstreut, aus den verschiedenen Lebensbereichen nach Art eines naiven Sammlers zusammengeschleppt. Nach wenigen Stunden bereits ist die Fläche, wo wir gingen, wieder unter den Wogen begraben; neues Umarbeiten, neue Bewegung beginnt — und wenn die Schorre wieder frei liegt, dann ist die Strandbeute der vorigen Ebbe nur z. T. liegengeblieben und halb oder ganz versandet. Anderes treibt wieder ruhelos umher, und Neues, vielleicht ein Seestern oder ein Käfer, ist an ihre

Abb. 1. Wattenmeer bei auflaufender Flut bei Minser Old Oog. (Dr. W. Kuhl phot.)

Stelle getreten. Auch die obersten Sandkörnchen und Tonteilchen sind fortbewegt worden und liegen jetzt vielleicht landeinwärts oder weiter draußen. Der Boden des Flachstrandes ist ruhelos.

Im feuchten Watt wächst Queller, weiter landwärts im Sande Strandhafer, und sie halten den verschieblichen, losen Boden mit ihren Wurzeln gefangen. Wo sie fehlen, haben Wind und Regen das Wort. Der Wind jagt dort den Sand vor sich her, und in langgezogenen Dünen wandert er landeinwärts, bis er allmählich durch andere Pflanzen, die Wind oder Mensch säen, festgehalten wird. Es ist *Seesand,* auch wenn er landeinwärts liegt; das Meer gab ihn nach ruheloser Wanderung frei, und jetzt halten ihn feine Pflanzenwurzeln gefangen. Er ist aus dem einen Reich in das andere übergegangen, ohne sich zunächst zu verändern.

Ein anderes Bild: Sturm wirft die Wogen an die *Felsenküste* (Abb. 2), daß sie die losen Steine mitreißen. Sie klappern dem zurückfallenden Wasser nach, um der heranstürmenden nächsten Welle wieder landeinwärts zu folgen.

Abb. 2. Brandung bei Helgoland). Dr. W. Kuhl phot.)

Ein hinreißendes Bild überschäumender Naturkraft, zugleich ein Blick in den ständigen Kampf des Meeres gegen das Festland. Nach dem Sturm liegt bei Ebbe eine geröllbesäte Uferzone frei. Zwischen den Felsen stehen klare Tümpel mit huschenden Fischen und glashellen Krebsen, mit Seerosen und vielerlei anderem Getier; da und dort liegen zertrümmerte Schalen und Panzer, verwesende Fische und Seesterne, sitzen festgesaugte Küstenschnecken und Seepocken, die auf die neue Flut warten, und dazwischen liegt Strandgut anderer Art: Holz und wohl auch eine tote Möwe zwischen Algen.

Wieder liegt der leichte Fischgeruch in der Luft, der den Binnenländer bei ruhigem Meer in lässig-träges Wohlbehagen hüllt und ihm bei Sturm ein Kraftgefühl sondergleichen schenkt. Auch auf einer schmalen Felsenfläche hoch über dem Meer, mit senkrechtem Absturz zum Meere und senkrechter Steilwand im Rücken, liegt das gleiche Geröll, still und tot, unbewegt, von der Sonne durchglüht, mit zerfallenen Muschelschalen und ausgedörrten Holzresten untermischt, aus seiner Umwelt gerissen und anderen Kräften ausgeliefert.

In beiden Fällen sieht auch der Laie sofort, daß der windbewegte Sand und das Geröll dem *Meere* entstammen, daß *ihm* Sandkorn und Gesteinsstück ihre äußere Form verdanken. Ob der *Wind* dem Wasser die Beute entriß oder *die Kräfte des Erdinneren* sie ihm durch Hebung entrückten, der Zusammenhang ist einfach und klar. Denn das Meer ist nah, und ähnliche lose Ansammlungen zertrümmerter Gesteine entstehen ständig vor unseren Augen.

Wir wissen, daß auch in der Gegenwart an manchen Orten sich Land aus dem Meere heraushebt, an anderen Orten das Land untertaucht und das Meer Boden gewinnt. Unser Dünensand würde beim *Untersinken* des Landes zunächst wieder ein Spiel der Wellen, dann bei weiterem Sinken Meeresboden werden, wo er zunächst noch hin und her geschoben würde, bis mit zunehmender Tiefe und nachlassender Wasserbewegung auch seine Bewegungen schwächer und schwächer werden und schließlich aufhören müßten. Was *dann* mit ihm geschieht, davon wissen wir nicht viel, denn die Werkstatt des Meeres ist geheimnisvoll. *Hebt* sich aber das Land heraus, so wird der Abstand unserer Sand- oder Geröllflur von der Werkstatt, in der ihre Bestandteile geformt wurden, größer und größer. Meeresgesteine kommen unter die Herrschaft von Wind und Wetter, Sonne und Frost, Pflanze und Tier, die anders mit ihnen umgehen, wenn auch ebenso unumschränkt, wie vorher die Wogen: mit dem neuen Reich ändern sich die bewirkenden Kräfte.

Unter dem Wasser werden Sand und Geröll von neu hinzugetragenem Sand und Schlamm, von verwesenden Tier- und Pflanzenleichen, die aus dem oberen durchsonnten Wasser heruntersinken, zugedeckt — unter der Luft von Staub, den der Wind herbeiträgt, oder von Schlamm, den die Überschwemmungen der Flüsse bringen, oder vom Herbstlaub der Bäume. Zwar sind die Meeresabsätze nun *ortsfest* geworden, wenn Mutter Erde nicht einfällt, sie plötzlich, unverändert, oder nach Jahrmillionen völlig verändert, wieder freizugeben. Aber nun, *in der Tiefe des Meeres,* durchtränkt von Meerwasser, Verwesungsflüssigkeiten und unter dem ständig wachsenden Druck der darüber sich ablagernden, neuen Schichten — *oder auf dem Lande,* durchwühlt von lichtscheuen, Nahrung und Wohnung suchenden Tieren, durchgraben von Pflanzenwurzeln, durchsickert vom Regen, der all die aufgelösten Teile der Tier- und Pflanzenleichen mit in die Tiefe trägt, beginnen Veränderungen der Farbe, chemische Umsetzungen, Verfestigungen, Verminderungen der ursprünglichen Mächtigkeit: das „Gesicht" des Gesteins ändert sich, es maskiert sich tiefer und tiefer und wandelt sich schließlich vollkommen um. Aus dem wassergetränkten, verschieblichen, hellen und reinen Sand entsteht ein fester, hellfarbiger Sandstein, und ähnlich geht es jedem Rohmaterial, wobei aber die Natur den Prozeß jeden Augenblick verzögern oder unterbrechen oder durch einen andersgearteten aufs neue maskieren kann.

Trotzdem sind die Ablagerungen des Meeres mit ihren Einschlüssen die einzigen, sicheren Beweise für seine ehemalige Anwesenheit. Es ist unsere vornehmste Aufgabe, sie kennenzulernen, und aus ihrem Vorhandensein, ihrem Charakter und ihren Beziehungen zueinander und zu anderen Gesteinen und Versteinerungen unsere Schlüsse ziehen. Fünf verschiedene Zweige der Wissenschaft arbeiten an der Erforschung der Urgeschichte der Meere: die *Geschichte* für die kurze Zeit, aus der menschliche Überlieferungen vorliegen, die *Morphologie oder Formenkunde* der Erde für die allerletzten Abschnitte der Erdgeschichte, solange nämlich nicht nochmalige Verschiebungen der Erdrinde die durch frühere Bewegungen geänderten Grenzen von Land und Meer aufs neue verrückt haben, die *Petrographie oder Gesteinskunde,* die *Paläontologie oder die Wissenschaft vom Leben der Urzeit* und die *Stratigraphie oder Erdgeschichte* für die noch früheren Zeiten der Erdgeschichte. Jeder dieser Zweige der Wissenschaft hat andere Arbeitsmethoden. Geschichtliche Überlieferungen sind um so klarer und morphologische Feststellungen um so eindeutiger, je näher sie der Gegenwart sind — das gleiche gilt für Gesteinskunde, Paläontologie und Stratigraphie, da die Gesteine um so stärker verändert, die in ihnen eingeschlossenen Reste um so fremdartiger sind, aus je früheren Zeiten sie stammen. Nahe der Gegenwart

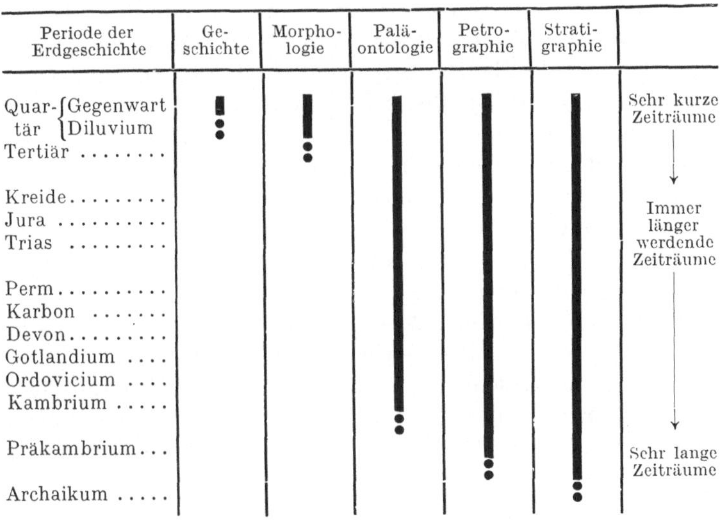

| Periode der Erdgeschichte | Geschichte | Morphologie | Paläontologie | Petrographie | Stratigraphie | |
|---|---|---|---|---|---|---|
| Quartär { Gegenwart | | | | | | Sehr kurze Zeiträume |
| Quartär { Diluvium | | | | | | |
| Tertiär ........ | | | | | | ↓ |
| Kreide......... | | | | | | Immer |
| Jura .......... | | | | | | länger |
| Trias ......... | | | | | | werdende Zeiträume |
| Perm.......... | | | | | | |
| Karbon ....... | | | | | | |
| Devon......... | | | | | | |
| Gotlandium .... | | | | | | |
| Ordovicium .... | | | | | | |
| Kambrium ..... | | | | | | ↓ |
| Präkambrium... | | | | | | Sehr lange Zeiträume |
| Archaikum ..... | | | | | | |

Hilfswissenschaften der Geschichte der Meere.

Die Namen der Perioden (links) sind verschieden entstanden und bezeichnen nur den Zeitabschnitt als Merkwort. Ihre Dauer ist sehr verschieden; ihre Gesamtdauer vom Beginn des Kambrium an wird zwischen $^{1}/_{2}$ und $^{3}/_{4}$ Milliarden Jahren geschätzt. Es ist sicher, daß Präkambrium und Archaikum viel länger dauerten, als alle anderen Perioden zusammen. Das Archaikum beginnt mit der Entstehung einer Erstarrungskruste um den Erdball; in das Archaikum fällt die Entstehung der ältesten Meere.

fallen von *fünf* Seiten helle Strahlen auf unser Forschungsgebiet. Je weiter wir in die Vergangenheit zurückgehen, um so mehr läßt die Leuchtkraft jedes einzelnen Lichtes nach; eins nach dem andern erlischt — und endlich bleibt uns nur die unsichere Möglichkeit, Gesteine zu untersuchen, die

Millionen von Jahren allen Kräften des Erdinneren und der Außenwelt ausgeliefert waren und deren ursprüngliche Natur oft bis zur Unkenntlichkeit entstellt ist.

Bei aller Verschiedenheit der Methoden aber verbindet ein Grundsatz alle fünf Zweige, wie alle geschichtlichen Forschungen überhaupt: das ist *das aktualistische Prinzip*, d. h. das Bestreben, alle Geschehnisse der Vergangenheit, bis zum Beweis der Unmöglichkeit, auf die Tätigkeit der gleichen Kräfte zurückzuführen, die heute noch wirksam sind. Zu *allen* Zeiten haben Stürme und Strömungen das Meer bewegt, Flüsse ihr Wasser und dessen Fracht hineingetragen, meist auch Tiere und Pflanzen Unterkunft und Nahrung darin gefunden. So wird die *Meeresforschung* uns helfen, manche dunkle Erscheinung der Vergangenheit aufzuhellen, wie das Experiment am lebenden Tier und das Studium seines Baus oft zur Deutung seiner Geschichte herangezogen werden müssen. Die geschichtlichen Tatsachen aber, *die Gesteine und ihre Einschlüsse,* bleiben die unverrückbaren Grundlagen unserer Arbeit, wenn auch ihre Deutung mit fortschreitender Erkenntnis der Kräfte, die sie schufen, manchmal wechselt.

Gewaltig ist das Meer, ewig und geheimnisvoll — gewaltiger ist seine Geschichte. Denn es besteht seit mindestens einer Milliarde Jahren; jeden Fleck der Erde hat es einmal bedeckt, und seine Geschichte ist fast eine Geschichte der Erde selbst.

## 2. Geschichtliche Daten, Beobachtungen und Messungen.

Allmähliche Veränderungen der Erdoberfläche sind auf dem Festlande nur durch sehr genaue Messungen, unter dem Meeresspiegel überhaupt nur in seltenen Ausnahmefällen festzustellen. Anders an der Grenze von Land und Meer, wo Veränderungen namentlich dann Beachtung finden, wenn Wohnstätten gefährdet sind, oder wenn benachbarte Gegenden sich verschieden verhalten. Die drei Karten der Insel Wangeroog (Abb. 3) zeigen, daß diese Insel im Westen abgebaut, im Osten angestückt wird, ein Vorgang, der ohne menschliche Schutzbauten die Insel völlig verlagern und das

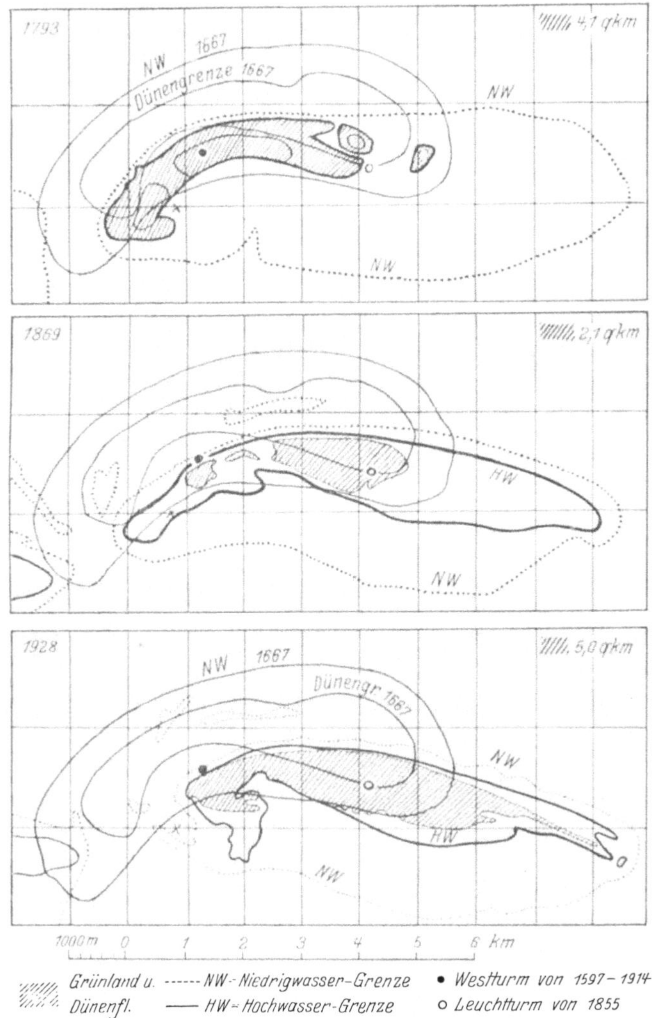


Abb. 3. Wangeroog von 1793 bis 1928. (Nach Krüger.)

Fahrwasser der Jade gefährden würde. Der Schnitt durch Deichbauten an der gleichen Küste (Abb. 4) läßt deutlich erkennen, daß (*außer* dieser West-Ost-Verlagerung des losen Sandes, der natürlich auch die Küste selbst ändert) dieser

Küstenabschnitt sich im *Sinken* befindet, wobei vielleicht ein innerer Zusammenhang zwischen beiden Veränderungen besteht. Der Streit geht heute nicht mehr darum, *ob* die Nordsee-Küste sinkt, sondern um das Ausmaß und um die Stetigkeit der Bewegung. Die verschiedenen Forscher sind zur Annahme von Zahlen gekommen, die zwischen 10 und 37 cm im Jahrhundert schwanken; beide scheinbar geringen Beträge sind erschreckend hoch für eine besiedelte Küste, die z. T. schon

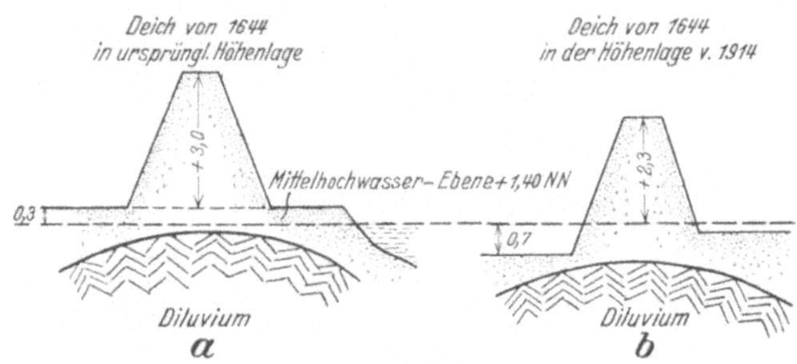


Abb. 4. Beweis für die Landsenkung in der Gegend des Jadebusens. (Abgeändert nach Schütte.)
a) Deich im Jahre 1644. Abstand zwischen Deichoberkante und Grünland 3 m, zwischen Deichoberkante und Mittelhochwasser 3,30 m.
b) Der gleiche Deich 1914. Abstand zwischen Deichoberkante und Grünland 3 m, zwischen Deichoberkante und Mittelhochwasser nur noch 2,30 m. Im gleichen Maße ist auch das Grünland mit der diluvialen Unterfläche gesunken, nämlich um 1 m in 270 Jahren.

jetzt unter dem Meeresspiegel liegt, also nur durch Deiche gehalten werden kann.

An vielen Stellen der Erde sind *Senkungen* ähnlicher Art in geschichtlicher Zeit festgestellt. Örtlich begrenzte Gebiete, in denen vulkanische Kräfte die Erdrinde besonders mobil erhalten, sind weniger wichtig. Dahin gehört z. B. das berühmte Beispiel von den drei noch stehenden Säulen des Serapistempels von Pozzuoli, die zur Römerzeit auf dem Festland errichtet wurden, dann aber 6 bis 7 m tief unter dem Meeresspiegel gestanden haben müssen, weil sie bis zu dieser Höhe von Bohrmuscheln zerfressen sind, die nur im Meerwasser leben können — und die heute wieder auf dem festen Lande stehen, was übrigens z. Z. wieder sinkt. Wichtiger sind jene meßbaren Fälle wie die Nordseeküste, die mit unheimlicher Ruhe vor sich gehen, uns aber zeigen, daß allmählich gewaltige Flächen überflutet werden können. Im Volksbewußtsein klingen die Glocken des versunkenen Rungholt, und die verzweifelten Kämpfe der Halligen gegen die „Mordsee", manche „Mannsdränke" aus dem Mittelalter, ja vielleicht auch manche Sintflutsagen sind sicher nicht ausschließlich auf Sturmfluten zurückzuführen, die den sorglos gewordenen Küstenbewohner überfielen, sondern wurden durch jahrhundertelanges Sinken des Landes vorbereitet, bis der Sturm das Unheil zur Vernichtung anwachsen ließ.

Denkt man z. B. die Senkung der Jade fortgesetzt und setzt nur einen Betrag von 20 cm im Jahrhundert an — einen unmerklichen Betrag von 2 mm also im Jahre, der in einem Menschenleben kaum fühlbar wird —, so ist in 10 000 Jahren, einer Zeit, die noch in die Gegenwart fällt und, geologisch gesprochen, *nichts* bedeutet, das Land bereits um 20 m gesunken (oder der Meeresspiegel entsprechend gestiegen), in 100 000 Jahren, einer Zeit, die noch der jüngsten geologischen Epoche, dem Quartär, angehört, um 200 m (Abb. 5).

Nicht allein das Antlitz unseres Erdteils würde vollkommen verändert, auch Klima und Lebensräume, kurz: alles Irdische würde sich ändern, nach dem gleichen Gesetz der Korrelation, das für jeden Organismus gilt, daß nämlich kein Organ, auch nicht das scheinbar bedeutungsloseste eines Lebewesens, sich ändern kann, ohne daß das *Ganze* innerlich und äußerlich beeinflußt wird.

Meßbare *Hebungen* des Landes sind gleichfalls in geschichtlicher Zeit festgestellt worden. Auch hier ist das gelegentliche Auftauchen vergänglicher Inseln von lose aufgeschütteten vulkanischen Lavabrocken von geringer Bedeutung, und ebenso ein ruckweises Herausheben der Küste, das man gelegentlich bei Erdbeben, z. B. an der kalifornischen Küste, festgestellt hat. Wichtiger sind die allmählichen, stetigen Hebungen, die bei langer Dauer die Erdoberfläche in vollkommener Ruhe ebenso ändern können wie die besprochenen Senkungen. Das bekannteste Beispiel ist der in Hebung befindliche skandinavisch-finnische Block (Abb. 6). Die Hebung ist vor allem im Bottnischen Meerbusen der Ostsee gemessen worden, wo sie an der Westseite und im Norden Beträge von 1 cm und darüber im Jahr erreicht, um nach

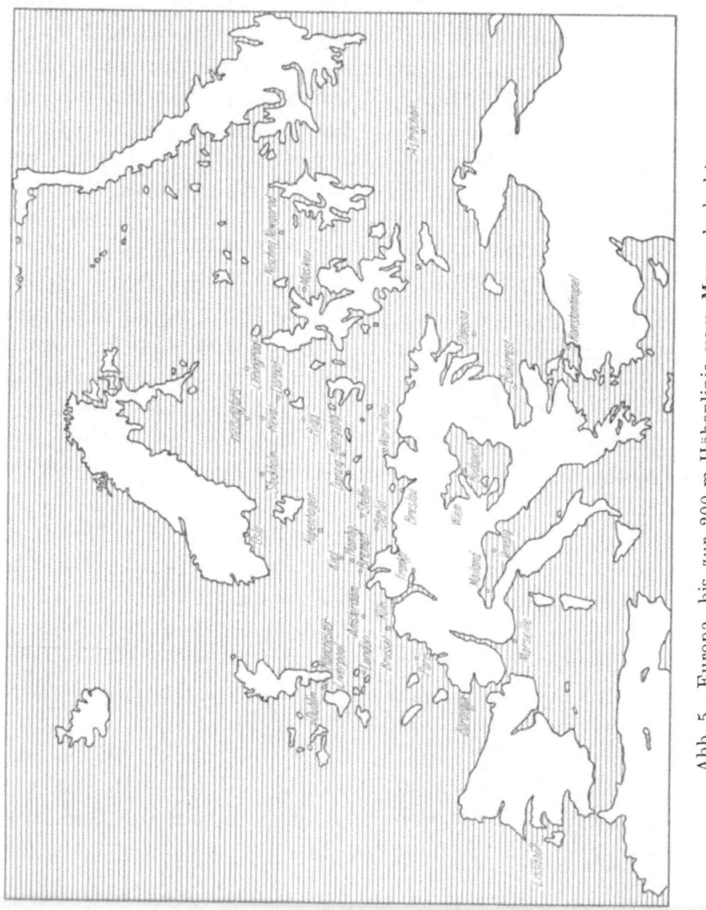

Abb. 5. Europa, bis zur 200-m-Höhenlinie vom Meere bedeckt.

Süden hin allmählich abzunehmen und an der deutschen Ostseeküste allmählich sogar in eine Senkung überzugehen.

Hier im Ostseegebiet hat man die Messungen in den letzten Jahrzehnten ganz systematisch durchgeführt; man hat täglich Wasserstandsbeobachtungen gemacht und selbstregistrierende Pegel, die die Steig- und Sinkbewegungen eines Schwimmers aufzeichnen, angewandt, die genauere Werte ergaben als die früheren, in den Felsen gehauenen Wasserstandsmarken. An der gefährdeten Nordseeküste hat man jetzt Festpunkte bis zu 25 m Tiefe in den, wie man annimmt, ortsfest gelagerten, eiszeitlichen Sand gegründet und will nun von

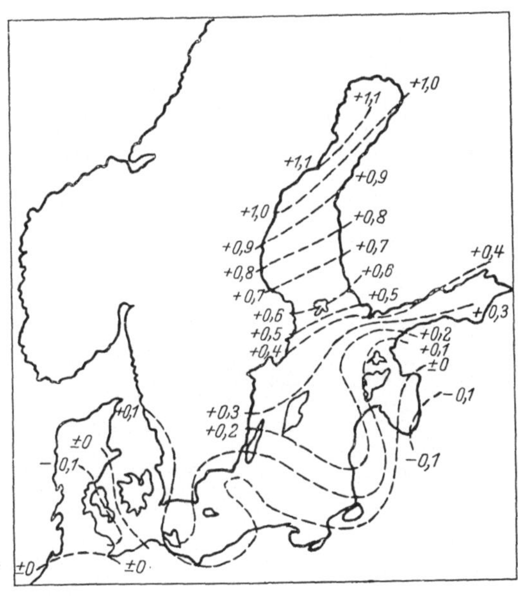


Abb. 6. Jährliche Strandverschiebung an den baltischen Küsten von 1898 bis 1912. + Landhebung, — Landsenkung in Zentimetern. (Nach Witting aus Salomon.)

Zeit zu Zeit durch Feinnivellements prüfen, ob sich ihre Höhenlage untereinander und gegenüber den Höhenmarken im Binnenlande verschiebt.

Deutsche und holländische Forscher haben an der Nordsee ihre Überzeugung vom gefährlichen Sinken der Heimat nicht durch exakte Messungen gewonnen, sondern durch geschichtliche und naturkundliche Beobachtungen — Messungen bestätigten erst ihre Beobachtungen, wie so oft die Rech-

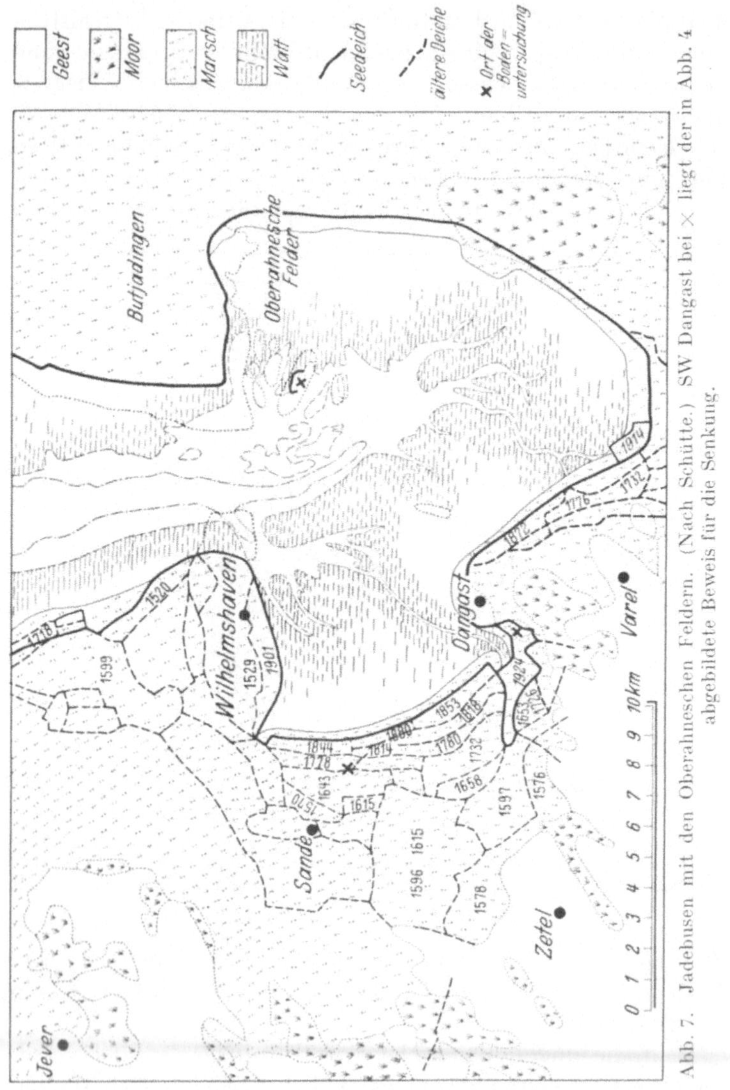


Abb. 7. Jadebusen mit den Oberahneschen Feldern. (Nach Schütte.) SW Dangast bei × liegt der in Abb. 4 abgebildete Beweis für die Senkung.

nung erst nachträglich dem Auge sagt, daß es richtig sah. Auf einer dem Untergang geweihten Insel in der Jadebucht, dem Oberahneschen Feld (Abb. 7), fanden sich Pflugfurchen unter dem Meeresspiegel (Abb. 8), die am Rande der Insel bei Ebbe freilagen, aber unter der ganzen Insel, unter 1,80 m mächtigen, jüngeren Ablagerungen, durchzogen. *Über* diesem von Friesen gepflügten Ackerland liegen Marschschichten, voll von Pflanzenresten, unter denen vor allem der Meerstrandsdreizack (Triglochin maritima) sehr häufig ist. Diese Pflanze verträgt keine dauernde Überflutung durch das Meer, und da sie offenbar hier prächtig gedieh, so muß ihre

Abb. 8. Pflugfurchen am Oberahneschen Feld vor Wilhelmshaven, bei Niedrigwasser. (Phot. Dr. A. Schwarz. Bildarchiv Senckenberg 37.)

Wuchsschicht damals *über* Mittelhochwasser, d. h. mindestens 1,35 m höher als jetzt gelegen haben. Wir wissen aus Urkunden, daß 1461 in der Gegend der Oberahneschen Felder noch Wohnstätten und Ackerland vorhanden waren, daß „die Zerstörung des dichtbesiedelten Festlandes, das im Mittelalter hier lag und von dem uns viele Ortsnamen urkundlich bekannt sind, um das Jahr 1219 begonnen, aber erst von 1511 zu einer völligen Zertrümmerung in Inseln geführt hat, bis auch diese nach und nach verschwanden" — das Oberahnesche Feld wird ihnen bald gefolgt sein! 1511, Antonihochflut, Deichbruch — damals hat eines jener Dramen seinen Höhepunkt erreicht, an denen die Nordseeküste so reich ist; aber die Sturmflut erntete nur, was die Senkung hatte reifen lassen.

Die Beobachtung des Meeres in der Gegenwart und in der Geschichte lehrt uns manche morphologische sowie erd- und lebensgeschichtliche Veränderung kennen, die uns über *urgeschichtliche Verschiebungen* der Grenze von Land und Meer Aufklärung gibt. Versunkene Wälder und Moore, oder eiszeitliche Grundmoränen am Grunde der Nordsee, z. T. bedeckt von ihren heutigen Ablagerungen, Mammutzähne, die das Schleppnetz der Fischer auf der Doggerbank oftmals heraufbefördert und die das British Museum in London in Menge aufbewahrt, selbst das Vorkommen flugunfähiger Festlandtiere auf den Britischen Inseln, das nur durch Annahme einer früheren Landbrücke erklärbar ist — alle diese Tatsachen zeigen mit Sicherheit, daß die Nordsee seit der Eiszeit gewaltigen Landgewinn zu verzeichnen gehabt hat. Hier versagen zwar die Jahreszahlen; wir wissen auch nicht, ob diese Senkung eine dauernde, oder ob sie von Stillständen oder gar Hebungen unterbrochen war. Aber wir wissen, daß die Südküste der Nordsee einst viel weiter nördlich gelegen haben muß, und so mag eine kleine Karte (Abb. 9) wenigstens eine Vorstellung davon geben, wie diese Gegend damals wohl ausgesehen haben könnte.

Abb. 9. Die einstige Lage der Nordseeküste. (Nach Kayser.)

An anderen Orten setzen sich tiefeingeschnittene Flußtäler weit ins Meer hinein fort. Kein Fluß kann unter dem Meere eine Verlängerung seines Tales ausnagen, sondern diese müssen entstanden sein, als der Meeresboden dort noch Festland war. Als Beispiel sei der Kongo und seine Fortsetzung auf dem Meeresgrunde im Bilde wiedergegeben (Abb. 10). Man faßt auch solche untermeerischen Flußfortsetzungen als Belege für einen Landgewinn des Meeres auf, obwohl Anzeichen dafür zu sprechen scheinen, daß vielleicht auch andere Kräfte bei ihrer Entstehung beteiligt waren.

Eine sehr klare biologische Beweisführung für ein Absinken des Meeresgrundes (das sich auch weit draußen im Ozean vollziehen kann und dann nicht unbedingt mit einer Grenzverschiebung von Festland und Meer verbunden sein muß), hat Charles Darwin an den Korallenriffen der Südsee geführt. Riffkorallen gedeihen nur bis zu Meerestiefen von etwa 40 bis 50 m; sie verlangen also, um sich festsetzen

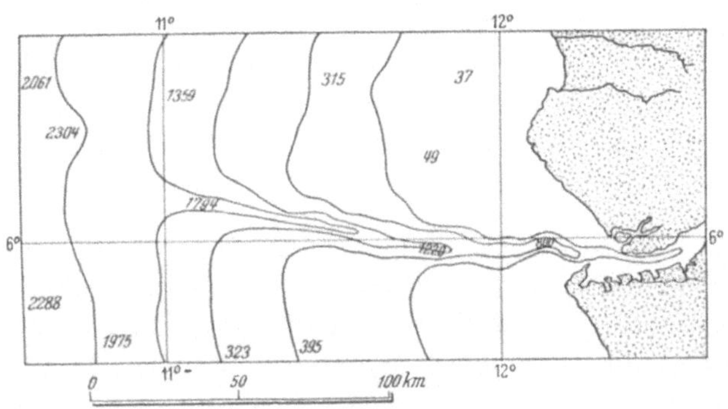


Abb. 10. Tiefen des Meeres vor der Kongomündung. (Nach Schott aus Kayser.)

und ihre Kalkbauten errichten zu können, ein Flachmeer und eine Küste oder eine Insel aus festem Gestein. Wenn man nun festgestellt hat, daß ein Korallenriff, mag es als „Atoll“ ringförmig eine Lagune umgeben oder als „Saumriff“ einer Küstenlinie folgen, aus *tieferem* Wasser als 50 m emporragt, so muß die Küste (oder der der Insel benachbarte Meeresgrund) seit seiner Bildung gesunken sein. Man kann auch die Schnelligkeit der Bewegung kontrollieren. Sinkt der Meeresboden zu schnell, so kann das Wachstum des Riffs nicht folgen, und es stirbt ab; sinkt er nur sehr langsam, so wird Breitenwachstum vorwiegen; sinkt er ungleichmäßig, so werden Breiten- und Höhenwachstum miteinander wechseln. Jedes Korallenriff, das mächtiger ist als 50 m, ist ein Beweis für eine Senkung des Meeresbodens. So gewinnen Korallenriffe der Vorzeit, zeitlich und räumlich weit getrennt von dem Meere, in dem sie dereinst wuchsen, eine außerordentliche Bedeutung, von der später noch die Rede sein soll. Man könnte sich leicht vorstellen, daß auch andere, an bestimmte Tiefen gebundene Tiere durch ein Absinken ihres Wohnbezirkes in größere Tiefen gelangen, in denen geänderter Wasserdruck, geringere Sonnenbestrahlung, andere Nahrung usw. ihnen schädlich wären. Die Feststellung solcher Geschehnisse auf dem Meeresgrund wird aber immer nur in Ausnahmefällen gelingen, wie überhaupt Landverlust an das Meer stets schwieriger festzustellen oder gar zu messen und zu überwachen ist als Landgewinn.

Die wichtigsten morphologischen Merkmale des sich *hebenden* Festlandes sind *Strandterrassen,* die das brandende Meer dereinst in den Fels grub, der ihm nachträglich entrückt wurde. Jede Steilküste wird von der Brandung angegriffen und, je nach Widerstandsfähigkeit des Gesteins und Stärke der Brandung, langsamer oder rascher landeinwärts zurückverlegt. Dadurch entsteht eine Felsfläche in der Höhe der Brandung, auf der die losgerissenen Trümmer von den Wogen hin und her bewegt werden. *Sinkt* das Land, so wandert die Fläche mit den vorrückenden Fluten landeinwärts, und das Meer kann nach und nach ganze Gebirge abtragen. *Hebt* sich aber das Land, so wird die Strandterrasse dem Meere entrückt und gibt nun, oft unterstützt durch die Reste festgewachsener Brandungstiere (Seepocken, Austern usw.), die Möglichkeit, den Grad und die Art der Hebung zu erkennen.

Am genauesten bekannt sind die Vorgänge in Skandinavien, wo die Geologen im Anschluß an historische und physikalische Forschungen die im ganzen Lande verbreiteten Bodenveränderungen studiert haben. Dank ihren langjährigen Arbeiten liegt heute eine recht gute Karte der Isobasen vor, d. h. der Verbindungslinien aller Punkte, an denen gleich starke Hebung festgestellt wurde (Abb. 11). Aus dieser Karte geht hervor, daß keine horizontale Heraushebung des Landes stattgefunden hat (und, wie wir wissen, noch stattfindet), sondern daß die Hebung im Bereich der nördlichen Ostsee und ihren Randgebieten höhere Beträge erreicht, während sie in den Außenbezirken beträchtlich geringer ist, so daß also hier eine *Aufwölbung* der Erdkruste vorliegt. Diese Tatsache wird

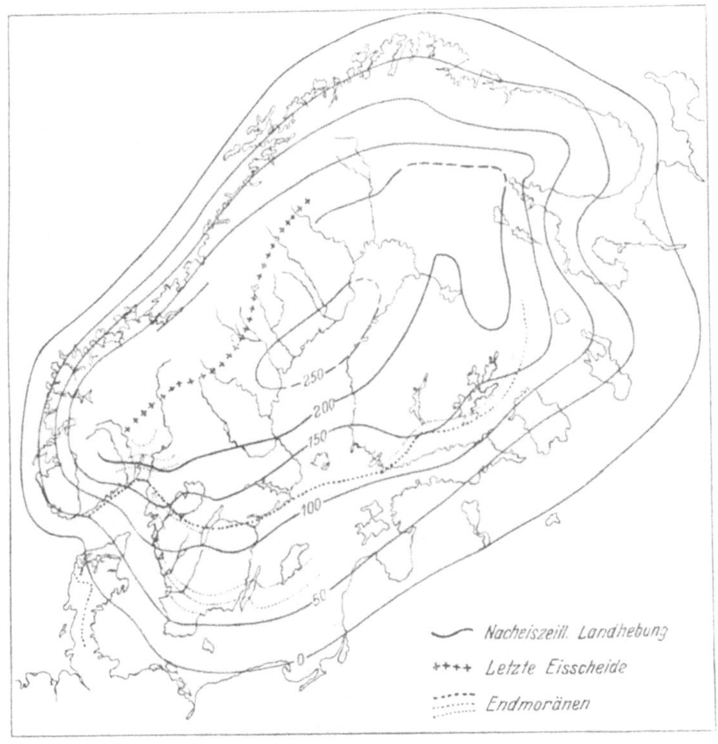


Abb. 11. Linien gleicher Landhebung (Isobasen) seit der Eiszeit in Skandinavien und Finnland. (Nach Högbom aus Salomon.)

auch durch die Strandlinien der Binnenseen Skandinaviens bewiesen, die nicht mehr horizontal liegen, sondern sich nach außen senken; sie wird bei dem Versuch, die Gründe der Strandverschiebung festzustellen, wichtig werden.

Da jede Strandterrasse zu ihrer Entstehung Zeit braucht, so darf man schon ihr Vorhandensein als Zeichen verlangsamter Hebung auffassen. Sehr breite Strandterrassen sind danach wohl als Zeichen langandauernden Stillstandes anzusehen, so insbesondere die „Strandflade“ der westnorwegischen Küste, die oft viele Kilometer breit in den harten Fels eingeschnitten ist (Abb. 12).

Die Hebung Finnlands und Schwedens hat viele Binnenseen vom Meere abgetrennt, und hier leben noch einzelne Meerestiere, die uns von ihrer Urheimat Kunde geben. Solche Funde sind stets mit Vorsicht zu deuten, weil es „Relikte“ der verschiedensten Art gibt; immerhin können in einzelnen Fällen

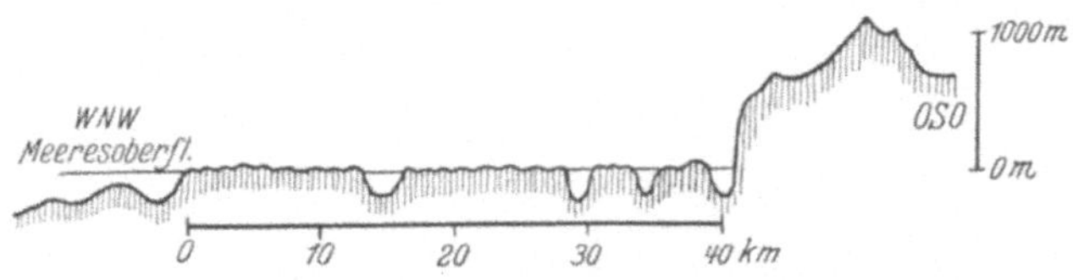


Abb. 12. Schnitt durch die norwegische Strandebene. (Nach Högbom aus Salomon.)

auch solche Überbleibsel aus einer anderen Zeit den ersten Hinweis auf eine Grenzverschiebung von Land und Meer bringen.

## 3. Die Absätze am Meeresboden.

Je weiter Verschiebungen von Land- und Meeresbereich *zeitlich* zurückliegen, um so stärker versagen geschichtliche Überlieferung, direkte Beobachtung und Messung. Früheres Festland, das unter dem Meeresspiegel liegt, ist nur selten erkennbar, wenn nämlich Bodengreifer oder Schleppnetz etwas heraufbringen. Im übrigen liegt es unter den Fluten des Ozeans und wird von den Resten seiner Bewohner, von Schlamm, Flugstaub, vulkanischer Asche usw. zugedeckt und verhüllt. Zwar ist der graue oder rote oder grüne Bodensatz nicht überall vorhanden; Meeresströmungen fegen an manchen Orten den Boden frei. Aber wir können ihn nicht sehen. Landgewordener Meeresgrund dagegen wird zwar von Kräften umgearbeitet, die, von außen oder innen kommend, die sichtbare Erdkruste ständig ummodeln und überall tätig sind.

Aber wir können ihn, bis er wieder abgetragen oder umgelagert, umgeschmolzen oder zugedeckt ist, in vielen Fällen erkennen. Und so ist der Satz gerechtfertigt: *Wir studieren die Geschichte der früheren Meere auf dem Festland.* Sowenig die Geschichte eines Waldes durch Aufgraben des Waldbodens klar wird (vielmehr durch Untersuchung des Blütenstaubs, den der Wind ehemals in einen nahen Tümpel trieb, wo wir ihn nach Trockenlegung im Moor finden), sowenig wird die Geschichte der Meere durch Tiefseelotungen geklärt. Wir müssen Gesteinskunde treiben, und nach den Gesteinen ihre Einschlüsse, die Reste früherer Tiere und Pflanzen, kennen und verwerten lernen.

Nach dem aktualistischen Prinzip gehen wir von der Gegenwart aus und fragen: *Was für Gesteine entstehen heute am Grunde des Meeres?* In Küstengegenden, wo die Ebbe täglich zweimal den Meeresboden freilegt, ist direkte Untersuchung möglich. Es gehört zu den unbegreiflichsten Erscheinungen, daß zwar in sehr vielen wissenschaftlichen Arbeiten über „Flachmeergesteine" geredet wird, daß aber nur in seltenen Fällen Geologen die Schorre wirklich gesehen, geschweige denn dort gearbeitet haben. Dutzende biologischer Forschungsinstitute entstanden in allen Ländern der Erde — niemand dachte an ein Institut zur Erforschung der werdenden Gesteine und Versteinerungen. Erst 1928 eröffnete die Senckenbergische Naturforschende Gesellschaft in Frankfurt am Main mit Hilfe ihrer Freunde die kleine, rasch vergrößerte und ausgebaute Forschungsanstalt „Senckenberg am Meer" in Wilhelmshaven (Abb. 13), der hoffentlich bald, vor allem in den Tropen, neue Stellen folgen. Hier arbeiten heute Beobachtung und Experiment an den Anfängen *wirklicher* Erkenntnis des Werdens der Gesteine und Versteinerungen; Chemie, Physik, Biologie, Geologie, Paläontologie greifen ineinander, um all die tausend Fragen zu klären, über die man bis dahin mehr geredet als gearbeitet hat.

Vom Grunde des Ozeans kennen wir bis jetzt nur Stichproben, die meisten aus der Nordsee, nur wenige aus den großen Meerestiefen. Als Werkzeuge dienen Bodengreifer verschiedener Art und Lotröhren; die letzten lassen sich leider bis jetzt nur bei weichen, also vor allem tonigen Absätzen mit Erfolg verwenden, haben aber als Höchstleistung[1] schon ein ungestörtes senkrechtes Profil von 98 cm Länge durch Ablagerungen am Meeresgrund in Glasröhren aus 4381 m Tiefe heraufgeholt! Sandiger und sandig-toniger Boden liegt im allgemeinen zu fest für die Stoßröhre. Der *Bodengreifer* (Abb. 14) arbeitet in vielen verschiedenartigen, großen und kleinen Ausführungen wie die bekannten Greifbagger und bringt bei genügender Größe Proben des Meeresgrundes

Abb. 13. „Senckenberg am Meer." Forschungsanstalt für Meeresgeologie und -paläontologie in Wilhelmshaven. (Phot. Dr. A. Schwarz. Bildarchiv Senckenberg L 670.)

herauf, die gelegentlich verhältnismäßig gut im Zusammenhang bleiben. Die *Lotröhre* (Abb. 14) sitzt als Glasröhre in einer als Tiefseelot benutzten Metallröhre, die senkrecht in weichen Meeresboden eindringt. Die Glasröhre läßt die Beobachtung der obersten Schichten des Meeresgrundes in ungestörtem Zustand zu. Ideale Forschungsmöglichkeiten wird erst ein zweckmäßig gebautes Schiff bringen, das wie das

[1] Die längste Bodenprobe überhaupt stammt vom Grunde des Schwarzen Meeres; sie ist 382 m lang und besteht aus Blauschlick.

deutsche Forschungsschiff „Meteor“ (Abb. 15) in jeder Tiefe ankern kann und die sofortige Untersuchung aller Bodenproben an Ort und Stelle, samt ihren Beziehungen zu den im Wasser schwebenden Teilchen, zum Salzgehalt, zur Tiefe, zur Temperatur und allen den vielen Einzelheiten erlaubt, die die Arbeit auf dem Ebbestrand so nutzbringend gestalten werden.

Das Material nach jeder Richtung auszunutzen, ist Sache aller Zweige der Naturforschung. So entsteht von selbst eine Teilung der wissenschaftlichen Arbeit nach Arbeitsmethoden. Jedes Suchen nach Erkenntnis arbeitet zerlegend, analytisch; die Fülle der Erscheinungen läßt sich nur Schritt für Schritt durch sorgsam bedachtes Einteilen des Arbeitsfeldes erkennen. Jede Arbeitsmethode, jedes Einteilungsverfahren läßt

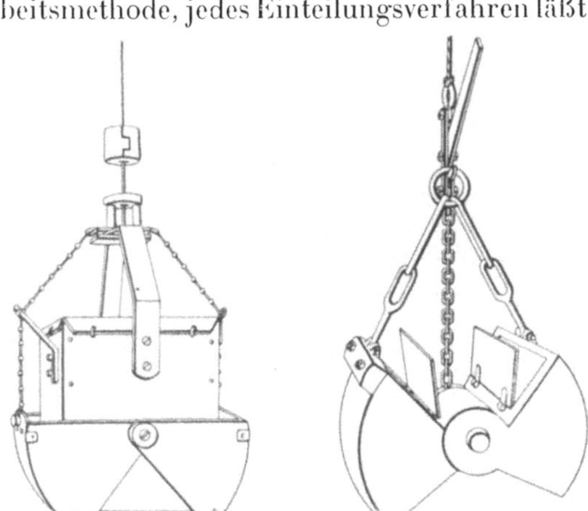

Abb. 14. Lotröhre und Bodengreifer. (Nach Correns und Wüst.)

bestimmte „Provinzen“ des dem Wissen zu erobernden Neulandes klarer hervortreten, deren Grenzen sich nach und nach überschneiden und aus deren buntem Mosaik das Gesamtgebiet sich immer klarer herausschält. Wir untersuchen die heute auf dem Meeresgrund entstehenden Absätze (die der

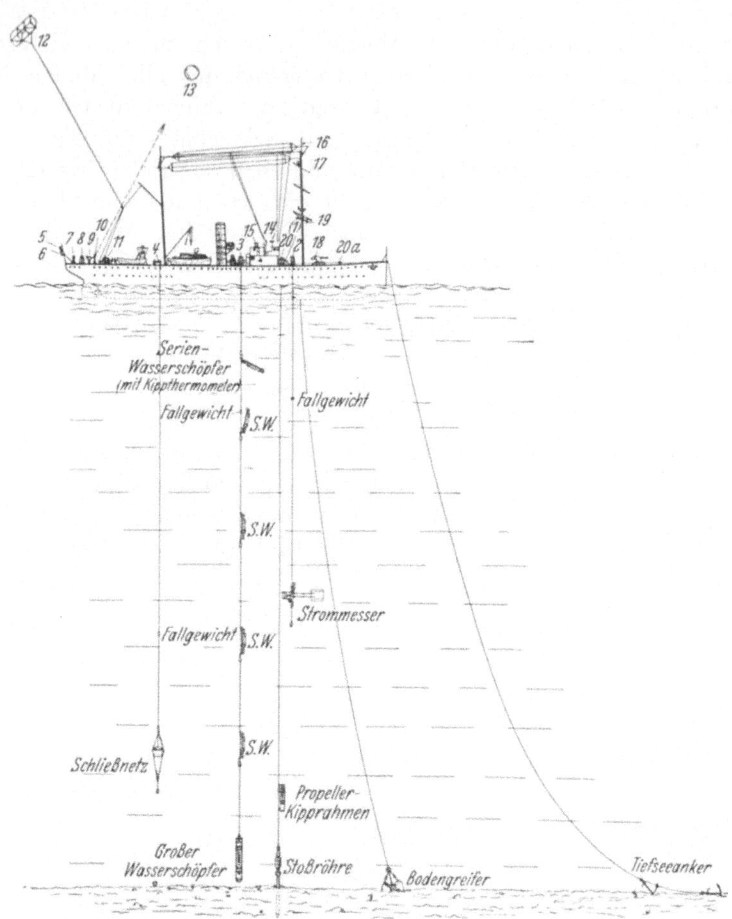


Abb. 15. „Meteor" auf Station (schematische Darstellung der Forschungs-Apparate). Mit Genehmigung der Deutschen Atlantischen Expedition auf dem Forschungsschiff „Meteor" 1925—1927. Entwurf Dr. G. Wüst.

1 = Lukaslotmaschine (für Drahtlotung). 2 u. 3 = große Serienmaschine. 4 = Lukaslotmaschine (für biologische Netzfänge. 5 u. 16 = elektr. Anemometer. 6 u. 17 = elektr. Thermometer. 7 = Regenmesser. 8 = Verdunstungsmesser. 9 = Entfernungsmesser (für Pilotvisierung). 10 = Theodolit (für Pilotverfolgung). 11 = Drachenwinde. 12 = Kastendrachen mit Registrierinstrument. 13 = Pilotballon. 14 = Windfahne. 15 = meteorolog. Hütte. 16 u. 17 siehe oben. 18 = Windschießgerät. 19 = stereophotogrammetrischer Wellenaufnahmeapparat. 20 u. 20a = Tiefseeanker-Einrichtung.

Geologe schon „Gesteine" nennt, obwohl sie erst nach ihrer Verfestigung dem landläufigen Gesteinsbegriff entsprechen) zunächst auf ihre Zusammensetzung aus organischem oder anorganischem, dann auf ihre Herkunft aus bodenständigem oder ortsfremdem Material, und stellen endlich die Verbreitung der auf diese Weise analysierten Ablagerungen nach ihren Beziehungen zu den Küsten der Festländer klar, indem wir sie in küstennahe, landferne und Tiefseeablagerungen einteilen — drei verschiedene Methoden der wissenschaftlichen Einteilung und Durcharbeitung des gleichen Materials.

### a) Organische und anorganische Absätze.

Die Grundstoffe der Gesteine, die am Meeresboden entstehen, sind z. T. *organischer Herkunft.* Was im Meere lebt, sinkt sterbend oder tot auf den Grund, und in jeder Wasserschicht wartet eine hungrige Lebensgemeinschaft, die die Zufuhr ausnutzt und weiter sinken läßt, was übrigbleibt. Was am Grunde des Meeres ankommt, ist derart von dem ähnlichmachenden Einfluß der Verdauungskräfte umgewandelt, daß die organischen Grundstoffe nicht mehr deutbar sind. Alle Weichteile verschwinden, und nur harte Schalen, Panzer und Gerüste, die die lebenden Wesen erbaut haben, bleiben übrig. Somit „verschwinden" alle Lebewesen, die keine harten Stoffe ausscheiden — Medusen, Würmer und so vieles andere, d. h. die *Form* ihres Lebens verschwindet. Pflanzen und Tiere, die während ihres Lebens anorganische Hartteile ausscheiden, entnehmen das Baumaterial dem Meerwasser und geben es nun, durch ihre Lebenstätigkeit gewandelt und geformt, zurück. An den Formen vermögen wir die Erbauer, und damit ihren Anteil am Aufbau der untermeerischen Schichten, zu erkennen. Man kann aktiv und passiv entstandene organische Gesteine unterscheiden. Bodentiere, die in dichtgedrängter Gemeinschaft leben, können mächtige Massen aufbauen (Austernbänke, Korallenriffe sind aktiv entstanden), und Strömungen können Muschelschalen aus weiten Gebieten zu großen Haufen zusammenschleppen, die man dann als passiv entstanden bezeichnet.

*Anorganischer Herkunft* dagegen sind in erster Linie alle Zerstörungsprodukte des Festlandes, die von der Brandung abgerissen, von bohrenden Tieren und Pflanzen ausgefeilt oder gelöst, von Flüssen ins Meer geschleppt, vom Winde als Staub hineingeweht, von Vulkanausbrüchen hineingeschleudert, von Eisbergen mitgebracht und beim Abschmelzen fallen gelassen werden. Reste älterer Gesteine, darunter auch solche, die selbst früher auf dem Meeresboden abgelagert worden waren, liefern also Baumaterial für heute entstehende Gesteine. Derartige Gesteine bilden sich hauptsächlich als Saum um die Festländer und Inseln; Menge und Korngröße der festländischen Zerstörungsprodukte müssen abnehmen, je weiter wir uns vom Festland entfernen. (Die geringen Mengen, die aus dem Weltall auf die Erde fallen [Meteoriten, auch in fein verteilter Form], können wir hier vernachlässigen.) Zu den Zerstörungsprodukten kommen chemische Ausfällungen aus dem Meerwasser. Wir kennen diese, wie alle anderen Ablagerungen, hauptsächlich aus der Nähe der Küste; sie spielen aber sicher überall eine Rolle. Verwesende, organische Substanzen wirken vielfach als Ausfäller, so daß Organisches und Anorganisches hier wie überall ineinandergreift.

Alles Geschehen auf der Erde geht letzten Endes auf die eine, gewaltige Kraft der *Sonne* zurück. Wie die Organismen nur unter dem Einfluß von Licht und Wärme bauen können, wie also die *Sonne*, unmittelbar oder mittelbar, die Kraft aller Lebenstätigkeit ist und die Herstellung von Schalen und Skeletten möglich macht, so ist die gleiche Sonne auch die Triebkraft für Wind und Wasser, für Brandung und Strom. Das Baumaterial liefert die *Erde*. Letzten Endes finden alle Gesteine, organische wie anorganische, ihren Ursprung in der ersten Erstarrungskruste der Erde und in später aus dem Erdinneren herausgeförderten Stoffen. Mögen mikroskopisch kleine Urtiere daraus zarte Kiesel- oder Kalkgerüste bauen, oder die Austern sich in rauhe und schwere Schalen hüllen, oder Fische und Wale gegliederte Stützgerüste in ihrem Inneren benötigen — sie alle entnehmen das Baumaterial aus Stoffen, die sie im Meerwasser direkt oder auf dem Umwege über ihre Nahrung gelöst finden und die, wiederum direkt oder indirekt, aus dem Erdinneren stammen. Das gleiche gilt für zähen, dunklen Tonschlamm, für hellen Kalk, für Steinsalz — nachdem die Erde sich einmal selbständig gemacht hatte, kommt von außen nichts Wesentliches mehr hinzu. Sie selbst liefert den *Stoff* zum Aufbau und Umbau, das Weltall die *Kraft* — und aus diesen Grundbedingungen ist alles entstanden, was wir „Natur" nennen und dessen ständiger Wechsel Leben und Tod in sich schließt.

b) Bodenständige und ortsfremde Absätze.

Auch eine andere Einteilung der Ablagerungen am Meeresgrund liefert bedeutungsvolle Zusammenhänge, nämlich die nach vorwiegend *bodenständigen* und *ortsfremden* Bestandteilen. *Bodenständige* Bestandteile sind z. B. Gesteinsbrocken, die die Brandung an der Küste abreißt, hin und her rollt und schließlich zusammenschichtet, sind Korallenkalkblöcke in der Umgebung eines Riffs, Austernschalen um eine Austernbank, Tangmassen, die im Küstenbereich zusammensinken. Organische Beiträge zu bodenständigen Ablagerungen stammen fast nur von Bodentieren und -pflanzen. *Ortsfremd* sind auf dem Meeresgrund alle schwimmenden Pflanzen und Tiere, ortsfremd sind jene feinen festländischen Zerstörungsprodukte, die lange im Meerwasser schweben und erst später, fern von dem Ort der Herkunft, zu Boden sinken, ortsfremd ist Staub, den der Wind ins Meer trug, und zerstäubte Lava aus Vulkanen.

Von Ausnahmen abgesehen (z. B. dem von weither getriebenen Eisbergen ins Meer sinkenden Schutt), bedeutet Transport gleichzeitig *Sonderung.* Leichtere und kleinere Bestandteile gelangen weiter als schwere und große, widerstandsfähige weiter als zerbrechliche oder lösliche. Je küstenferner ein Absatz ist, um so kleiner sind in der Regel seine Bestandteile, um so seltener werden festländische Boten, um so stärker wiegen Schalen und Skelette von Meerestieren und -pflanzen vor. Diese sinken natürlich *überall* zu Boden, weil in den oberen Wasserschichten überall, mehr oder minder unabhängig von der Meerestiefe, reiches Leben herrscht; in den Küstengebieten, wo ständig reichlich Festlandmaterial abgelagert wird, treten sie zurück, während sie weiter draußen, am Grunde der Tiefsee, oft fast die einzigen, jedenfalls vielfach vorwiegenden Bestandteile des Bodensatzes sind. Sonderung findet aber nicht nur bei waagrechtem Transport statt; auch beim senkrechten Absinken zum Meeresgrund schalten sich bei wachsender Tiefe sondernde Kräfte ein. Abgesehen davon, daß in *jeder* Wassertiefe beutegierige Bewohner auf Zufuhr von Nahrung warten, daß also mit wachsender Tiefe die Wahrscheinlichkeit der unveränderten Erhaltung absinkender Reste abnimmt, löst bei etwa 4000 bis 5000 m Tiefe das Meerwasser durch wachsenden Kohlensäuregehalt und den gewaltigen Druck der darüberstehenden Wassermenge alles Kalziumkarbonat auf. Diejenigen Hartteile also, die aus Kalziumkarbonat bestehen (vor allem die Schälchen der in unzähligen Mengen an der Meeresoberfläche lebenden Urtier- [Protozoen-] Gattung Globigerina [Abb. 17], die bis zu jener Tiefe als grauer zäher Schlick oft fast allein den Meeresboden bedecken), verschwinden, und es bleibt ein kalkarmer oder kalkfreier, zäher Tiefseeton übrig, in dem nur noch Haifischzähne, Gehörknochen von Walen und vor allem Kieselgerüste von Radiolarien, Spongien und Diatomeen vorkommen, stellenweise sogar so stark angereichert sind, daß man von Radiolarien- oder Diatomeenschlick spricht. Davon ist später noch ausführlicher die Rede. Zersetzter, vulkanischer Staub und auf ein Mindestmaß zurückgegangene, allerfeinste Beiträge des Festlandes, neben dem hier gleichfalls stärker hervortretenden kosmischen Anteil an Meteoritenkügelchen (die natürlich überall vorhanden sind), liefern neben solchen Kieselorganismen und den widerstandsfähigsten Teilen anderer Tiere für ungeheure Flächen des Meeresbodens den einzigen Bodensatz. Dieser wächst mit außerordentlicher Langsamkeit, wie durch Hai- und Walreste bewiesen wird, die unter ganz geringer Bedeckung liegen, aber von Tieren stammen, die schon seit der Tertiärzeit ausgestorben sind.

### c) Tiefsee-, landferne und küstennahe Ablagerungen.

Auf dem Meeresboden mischen sich überall organische und anorganische, bodenständige und ortsfremde Bestandteile. *Nach ihren Beziehungen zu den Küsten teilt man alle Meeresabsätze der Gegenwart in drei Gruppen ein, in küstennahe, landferne und Tiefseeablagerungen (Absätze, Sedimente)* (Abb. 16). Die küstennahen Ablagerungen zerfallen in echte *Strandbildungen*, die auf der „Schorre" bei Ebbe freiliegen, und Ablagerungen *des „Schelfs"*, des bis zu etwa 200 m Meerestiefe reichenden Saums der Kontinente. Sie gehen allmählich in die *landfernen Ablagerungen* über, die vor allem auf den Kontinentalböschungen unter 200 m Tiefe herrschen und eigentlich nur eine Abart der feineren Schelfsedimente sind. Ebenso unmerklich ist der Übergang der landfernen zu den eigentlichen *Tiefseeablagerungen*, der sich etwa in 1000—2000 m Tiefe vollzieht.

Weitaus die größte Verbreitung kommt den *echten Tiefseeablagerungen zu*; sie nehmen nach Krümmel fast 75% des Meeresbodens ein. Ihr *anorganischer* Anteil besteht — von gelegentlich eingestreutem, abgeschmolzenem Eisbergschutt abgesehen — aus den allerfeinsten Abtragsprodukten des Festlandes, die von Meeresströmungen überallhin verfrachtet werden können, da sie sehr lange schweben, aus Staub, den der Wind bringt, aus Resten sehr leichter, schwimmender Gesteine vom Festland und aus dem Auswurf untermeerischer Vulkane (Bimsstein). Aus den widerstandsfähigsten Teilen dieses Materials entsteht, nachdem es überaus lange Zeit, treibend und nachher auf dem Grunde offen liegend, dem umbildenden Einfluß des Meerwassers ausgesetzt gewesen ist, ein sehr feinkörniger, stark zersetzter, kieselsäurereicher „Ton". Dieser *„rote Tiefseeton"* ist eine in verschiedenen roten Tönen gefärbte, knetbare, kalkarme Ablagerung, deren Bestandteile durch die lange wirkende Zersetzung undeutlich geworden sind. Manganknollen finden sich als Neubildungen, ebenso gelegentlich neugebildete, kristallisierte Mineralien, alles Anzeichen der langandauernden Einwirkung des Meerwassers und seiner Lösungen.

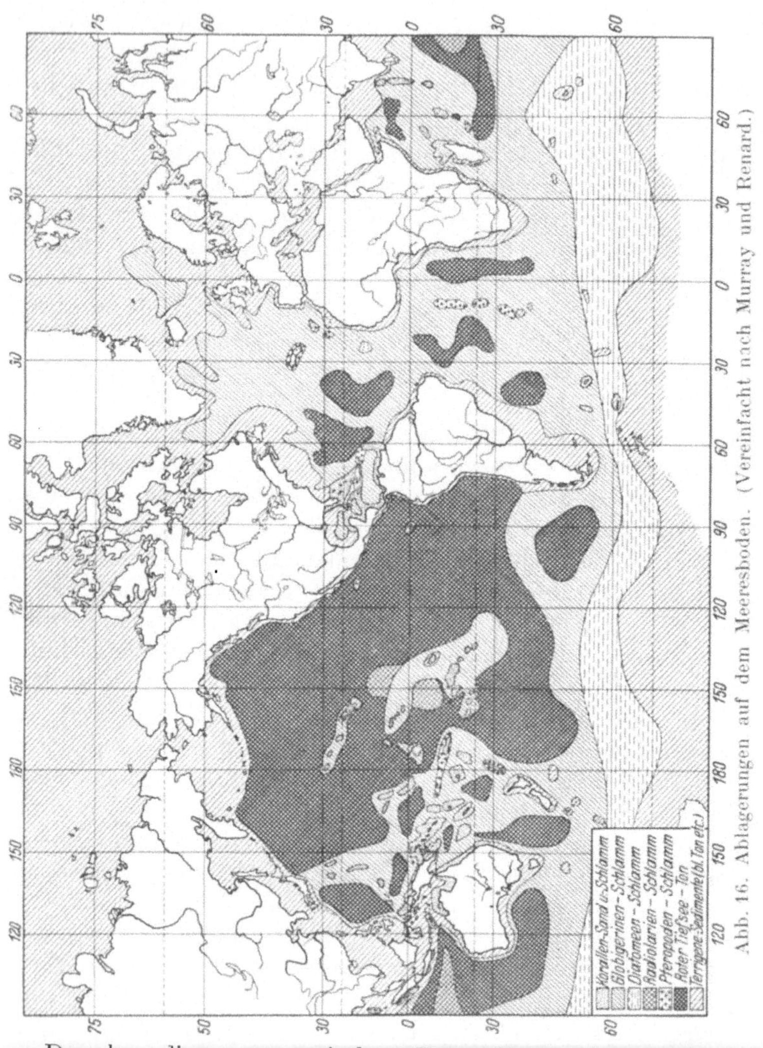


Abb. 16. Ablagerungen auf dem Meeresboden. (Vereinfacht nach Murray und Renard.)

Da aber diese anorganischen Baustoffe in den größten Meerestiefen nur sehr spärlich zur Verfügung stehen, so treten *organische* Anteile hier stärker hervor als in der Nähe des Festlandes. Sie bestehen in erster Linie aus Schälchen und Gerüsten von Pflanzen und Tieren, die an der Oberfläche des Meeres leben und die man nach ihrer chemischen Zusammensetzung in kalkige und kieselige einteilen kann. Sie sind fast ausnahmlos sehr klein, meist nur unter dem Mikroskop zu erkennen, bedecken aber dank ihrer Massenhaftigkeit ungeheure Flächen des Meeresbodens.

Unter den *kalkreichen Tiefsee-Sedimenten,* in denen organisches Material stark überwiegt, unterscheidet man den hellfarbigen *Globigerinenschlamm,* der allein über 100 Millionen Quadratkilometer des Meeresbodens bedeckt und unter dessen organischen Bestandteilen die Kalkschälchen der planktonisch[1] lebenden Protozoengattung Globigerina (Abb. 17) vorwiegen,

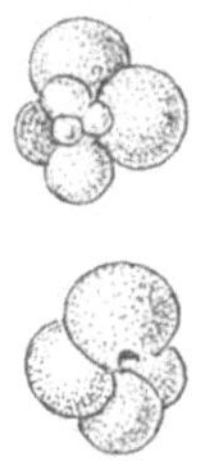

Abb. 17. Globigerina aus dem Tertiär. (Nach Stromer. $^{25}/_{1}$.)

Abb. 18. Coccolithophoriden. (Nach Lehmann u. a. aus Stromer.) Links lebende Zelle mit Geißel und Kalkkörperchen, rechts unten Schnitt durch ein Kalkplättchen einer anderen lebenden Form. Alle anderen Zeichnungen stellen isolierte Kalkkörperchen aus Tertiär und Kreide dar. $^{500}/_{1}$ bis $^{700}/_{1}$.

den *Coccolithenschlamm,* in dem die kleinen eigentümlichen Kalkplättchen der Coccolithophoriden (Abb. 18) an Menge stark zunehmen (planktonischer, von manchen zu den Geißeltierchen, von den meisten Forschern aber zu den Pflanzen gerechneter Lebewesen), und den *Pteropodenschlamm,* der sehr viele Schälchen von Pteropoden (Abb. 19), zartschaligen, planktonisch lebenden Mollusken, enthält.

*Als kalkarme Tiefsee-Sedimente,* in denen organische Bestandteile stark hervortreten, sind vor allem der *Radiolarienschlamm,* der zum großen Teil aus den zarten und glashellen Kieselschälchen der planktonischen Protozoengruppe der Ra-

[1] Die Einteilung der Meeresbewohner in Plankton, Nekton und Benthos wird S. 52 bis 58 besprochen.

diolarien (Abb. 20) besteht, und der *Diatomeenschlamm* zu nennen, dessen organischer Anteil aus den Schälchen von Kieselalgen (Abb. 21) besteht. In der Gegenwart finden sich

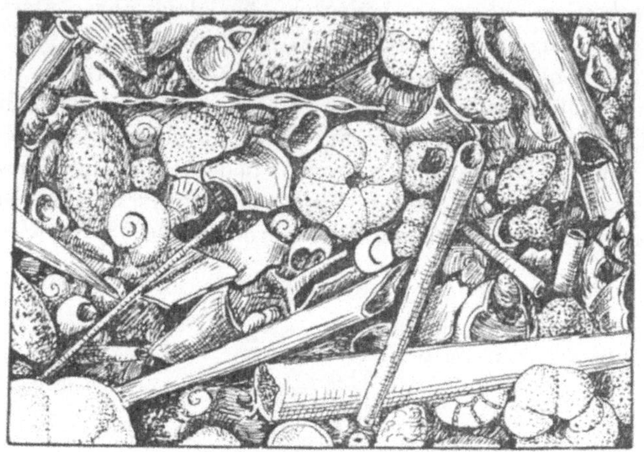

Abb. 19. Pteropodenschlick. (Nach Hentschel. $^{25}/_{1}$.)

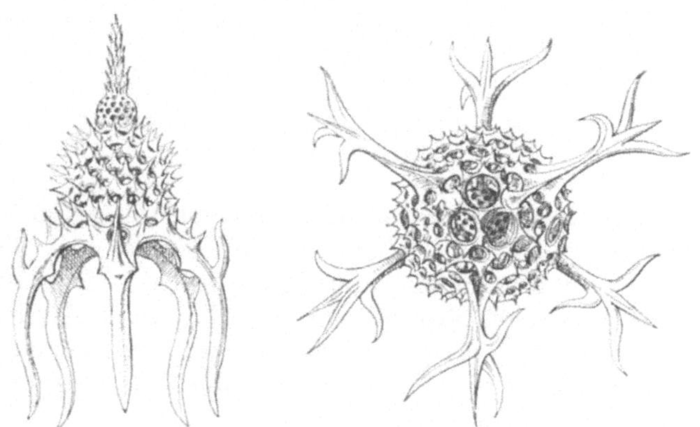

Abb. 20. Radiolarien. (Nach Haeckel. Sehr stark vergrößert.)

Radiolarienschlamme in den Tropen, Diatomeenschlamme vor allem in der Nachbarschaft des antarktischen Kontinents.

Das Vorwiegen der einen oder der anderen Form im Sediment beruht nur z. T. darauf, daß sie in größerer Menge in den darüberstehenden Wassermengen lebt. Auch Planktonschälchen sondern sich nach dem Tode nach der Sinkgeschwindigkeit (langstachelige Schälchen z. B. schweben länger als glatte), nach der Widerstandsfähigkeit (zarte Schalen werden leichter zerstört als dickere; die als Aragonit bezeichnete Art des kohlensauren Kalks fällt leichter den lösenden Kräften zum Opfer als der gewöhnliche Kalzit

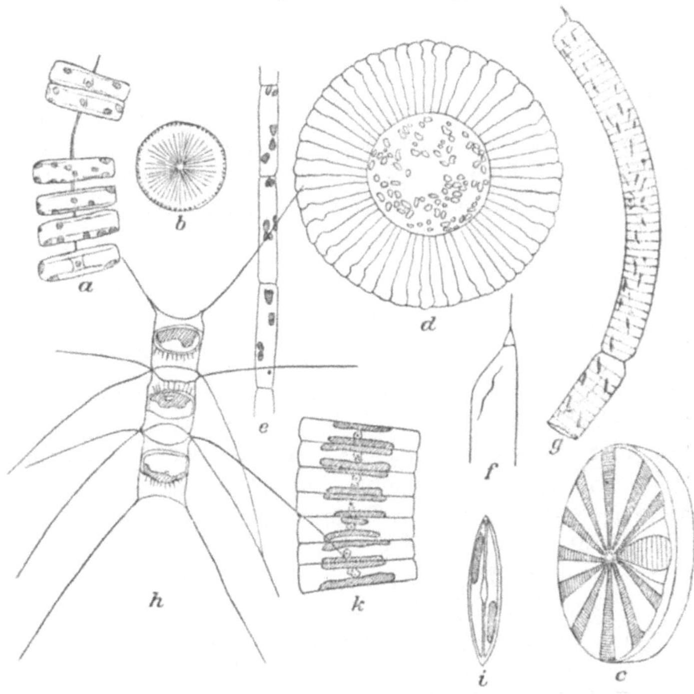


Abb. 21. Diatomeen. (Nach Hentschel.) *a, e, g, h, k* kettenbildende Formen, *b* eine Einzelzelle aus der Kette *a* von oben, *d* Hauptform der Tropen mit breitem Saum, *f* Ende einer stabförmigen Art. Zum Teil sind die Farbkörnchen eingezeichnet. (Stark vergrößert.)

— daher kommt es z. B., daß die Kalzitschälchen der Globigerinen noch in größeren Tiefen gefunden werden als die Aragonitschälchen der Pteropoden —) und anderen Gründen. Die Sedimente der Tiefsee entstehen durch eine eigenartige und geheimnisvolle Auslese aus Anteilen von nah und fern, die in der Tiefe zusammenkommen und sie kennzeichnen.

Nach den flacheren, küstennäheren Gegenden zu tritt das organische Material allmählich gegen die stärker werdende festländische Zufuhr zurück; die Absätze wachsen um so schneller, je näher die Küste liegt. In größeren Meerestiefen verlangsamt sich der Absatz; das Endergebnis ist der kalkarme, ja kalkfreie Tiefseeton, dessen Bestandteile sich nicht mehr in organische und anorganische scheiden lassen und der sich mit größter Langsamkeit absetzt. Die Grenzen der Tiefsee und ihrer verschiedenen Bezirke untereinander liegen in den verschiedenen Meeren in verschiedener Tiefe (vgl. die Karte S. 32).

Nach dem Festlande ist der Übergang von den eigentlichen Tiefseeablagerungen zu den *landfernen Ablagerungen* allmählich und erfolgt in wechselnder Tiefe. Bemerkenswert ist vor allem *die allmähliche Zunahme festländischer Zerstörungsprodukte.*

Am verbreitetsten ist in dieser Zone der *Blauschlick,* ein blaugraues feinkörniges Sediment, dessen Farbe von reichlich beigemengten, zerfallenen, organischen Substanzen und feinverteiltem Schwefeleisen herrührt. Die oberste Lage ist meist durch Sauerstoffverbindungen des Eisens rötlich oder bräunlich gefärbt; erst darunter findet, da tiefere Lagen von der Luft abgeschlossen sind, durch die verwesenden, organischen Substanzen eine Reduktion der Eisenverbindungen und damit eine Ausfällung des Schwefeleisens, oft in Konkretionen, statt. Der Kalkgehalt des Blauschlicks stammt von den eingeschlossenen Schalen der Tiere, die auf seiner Oberfläche leben (Seeigel und Seesterne, Muscheln, Protozoen), und von Planktontieren; die Schalen scheinen aber in tieferen Lagen des Schlicks teilweise aufgelöst zu werden. In größeren Meerestiefen, bei Annäherung an die eigentliche Tiefsee, verstärken sich die auflösenden Kräfte, so daß der Kalkgehalt sehr gering werden kann; er schwankt zwischen fast vollkommener Abwesenheit und etwa ein Drittel der Substanz. Schließlich kann der Blauschlick, namentlich in wärmeren Meeren und in der Nachbarschaft von Korallenriffen, in *Kalkschlick* übergehen. Um Vulkaninseln und untermeerische Ausbruchstellen herum reichern sich feinverteiltes vulkanisches Glas und bestimmte „vulkanische“ Mineralien (Augit, Hornblende, Feldspäte, Glimmer) an; in der Nähe der Mündung der chinesischen Riesenströme sind die Absätze weithin gelb, im Osten Südamerikas rot gefärbt, weil Hoangho und Jangtsekiang hauptsächlich die feinsten Zerstörungsprodukte des gelben Löß, Orinoko und Amazonas die rotgefärbten Zersetzungsprodukte der Tropengesteine bis weit ins Meer transportieren. Man kann dann von *Vulkanschlick, Gelbschlick, Rotschlick* sprechen und mag hier auch den *Glazialschlick* der südlichen Meere nennen, eine durch fehlende kalkige und organische Beimengungen und ungleichmäßige Korngröße ausgezeichnete, stark vom Inlandeis der Antarktis beeinflußte Ablagerung.

Wichtiger ist der *Grünschlick,* vor allem wegen seiner leichten Erkennbarkeit und seiner anscheinend stets um 200 m Meerestiefe liegenden Hauptverbreitung (gröberer *Grünsand* oft oberhalb, feinerer *Grünschlick* meist unterhalb). Seine grüne Farbe rührt von Glaukonit her, einem aus Kieselsäure, Eisenoxyd, Kali und Wasser bestehenden Mineral, das sehr häufig die Schalen von Foraminiferen und anderen Lebewesen erfüllt. Es findet sich vor allem an Granitküsten, wo reichlich Kalium- und Aluminiumsilikate unter dem Meere verwittern und große Mengen verwesender organischer Substanz zur Verfügung stehen, d. h. vor allem dort, wo warme und kalte Strömungen zusammentreffen und empfindliche Lebewesen oft in Massen sterben, und wird sehr oft von Phosphoritknollen begleitet, deren Phosphorsäure gleichfalls von verwesenden Organismen herrührt.

Auch zwischen landfernen und *küstennahen Ablagerungen* gibt es keine scharfen Grenzen. Der Blauschlick ist mit seinen Abarten nur eine Fortsetzung der feinkörnigen Ablagerungen, die vor allem in den tieferen Gegenden des Schelfs gegen die 200-m-Grenze hin, aber auch in Rinnen und Kolken der Schelffläche, ja sogar im Bereich von Ebbe und Flut entstehen können. Hauptsächlich kommen *sandige und tonige Ablagerungen* in Betracht, deren Zusammensetzung sich nach der Art des zugeführten Materials richtet. In allen Ablagerungen ist Quarz wegen seiner Häufigkeit in festländischen Gesteinen und seiner Härte am weitesten verbreitet. An

Koralleninseln und Kalkküsten sind Kalksande und Kalkschlamme häufig; sie können so stark mit den Resten *eines* Lebewesens erfüllt sein, daß man von Kalkalgensanden, Bryozoensanden usw. spricht. Tonigsandige Ablagerungen finden sich typisch in den Watten. Als *Wattenschlick* liegen sie bei Ebbe frei; aber ähnliche Absätze sind weit ins tiefere Meer über die Schelffläche verbreitet. Sie sind, ähnlich den Blauschlicken, in den zugedeckten tieferen Lagen dunkel, oft schwarz gefärbt, eine Folge von organischen Beimengungen und dem durch ihre Zersetzung ausgefällten Schwefeleisen, in den höheren Lagen heller, weil organische Zerfallsprodukte und Schwefeleisen dort rasch durch Luftzutritt oxydiert werden. Es ist recht gut möglich, daß hier, wie im Blauschlick, eingeschlossene Kalkschalen durch die Zersetzungsprozesse oft aufgelöst werden. Die organische Substanz ist z. T. festländischer Herkunft, z. T. stammt sie von Meerestieren und -pflanzen aus allen Bereichen, die hier zusammengetragen werden, z. T. auch aus den Verdauungsprodukten der überaus reichen Tierwelt, die im Wattenschlick lebt und ihm sein Gepräge verleiht. Wiegt zerfallende organische Substanz vor, so spricht man von „Mudd". In sandigen Lagen nimmt der Gehalt an Schwefeleisen ab. Tiere dienen gelegentlich direkt als Sandfänger, wie der Wurm Sabellaria, der förmliche „Riffe" aus Sandkörnchen baut. An tropischen Küsten bildet das Wurzel- und Stammgewirr der Mangrovedickichte Schlicksammler und schiebt die Küste ständig nach dem offenen Meere zu vor.

Bezeichnende Ablagerungen der Küstenzone sind z. B. die Schuttmassen des Steilküstenstrandes, die ständig durch den Angriff der Wogen aus dem Festland ergänzt und in ruhelosem Hin und Her abgerollt werden, deren Zerreibungsprodukte in stilleren Buchten Kies- und Sandlager bilden und oft weit hinaus verfrachtet werden, oft auch mit Strömungen an den Küsten entlangwandern (Abb. 3). Ferner sind die *Oolithe* (Abb. 22) zu nennen, lockere, sandähnliche Anhäufungen aus konzentrischschalig und radialstrahlig gebauten Kalkkörperchen, den „Ooiden", die später oft miteinander zu einem festen Gestein verkittet werden. Sie entstehen, wahrscheinlich unter Mitwirkung von Bakterien, durch Ausfällung von Kalk aus dem Meer, wobei faulende organische Massen und durch Fäulnis entstehende Ammoniumverbindungen eine Rolle spielen. Und endlich müssen die *Korallenriffe* als wichtigstes, von Organismen gebautes Küstengestein genannt werden. Festsitzende, benthonische Pflanzen und Tiere, von den ersten besonders Kalkalgen, von Tieren namentlich Korallen, aber auch Muscheln, Würmer, Moostierchen und die zahllosen, am Riff wohnenden Tiere, bauen mächtige Kalkriffe, wobei der Anteil der einzelnen Erbauer stark wechselt, so daß man gelegentlich auch von Kalkalgen- oder Bryozoenriffen usw. sprechen kann. Riffkorallen können nur in geringer Meerestiefe, etwa bis zu 40 oder 50 m Tiefe, gedeihen, brauchen klares Wasser, das sich nicht unter 20° C abkühlt, reichliche Wasserbewegung durch Strömung und Wellen (wegen der Nahrungszufuhr) und einen gleichbleibenden hohen Salzgehalt. So sind Riffkorallen auf tropische Küsten und Inseln beschränkt. Sie sind in noch weit höherem Maße „Sandfänger“ als die Mangroven und liefern den Grundstoff für mannigfache Kalkgesteine, vom groben Blockstrand bis zur feinsten Kalkmilch, wobei riffzerstörende Organismen als Lieferanten stark beteiligt sind. Ähnliche Kalklager können durch Kalkalgen, Würmer (aus der Kalkröhren bildenden Gruppe der Serpuliden), Austern und andere Muscheln, Bryozoen usw. gebildet werden, und diese sind zwar weniger mächtig, aber z. T. viel weiter verbreitet, auch weniger von der Wasserwärme abhängig als die Korallen. Strömungen können tote Muschelschalen und anderes organisches Material in solchen Mengen zusammentragen, daß ganze Bänke im Schelfbereich entstehen; der „Schill“ der Nordsee sei hier erwähnt.

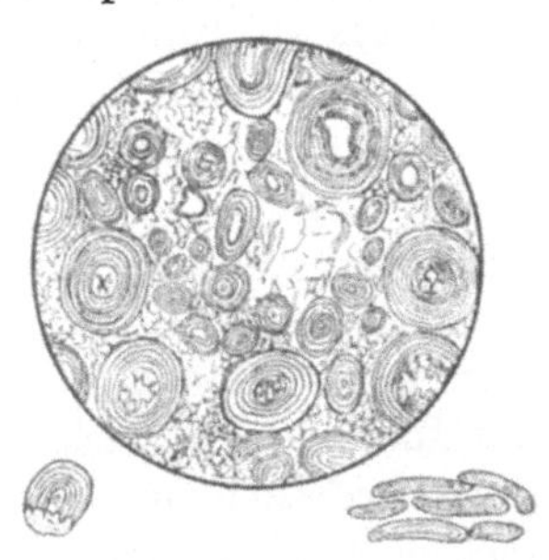

Abb. 22. Oolith. (Nach Rosenbusch aus Salomon und G. Berg. ($^{10-30}/_1$.)

Die Verbreitung der Absätze am Meeresboden, wie man

sie durch Untersuchung von Bodenproben auf zahlreichen Expeditionen ermittelt hat, wird auf Karten eingetragen (vgl. Abb. 16). Über Verschiebungen des Bereichs der einzelnen Ablagerungen in der Gegenwart, ein sehr wichtiges Kapitel, ist noch wenig bekannt, jedoch sind bei der Fahrt des „Meteor" regelmäßig Überlagerungen von Blauschlick durch Globigerinenschlick beobachtet worden.

## 4. Die Bedeutung der Meerespflanzen und Meerestiere.

Wenn wir nun versuchen, an einem Schlamm oder einem Sand, der uns *ohne Angabe der Herkunft* vorgelegt wird, zu erkennen, ob er aus dem Meere oder gar aus einer bestimmten Meerestiefe stammt, ob sich also auch aus dem Studium der Absätze am Meeresboden, und später der Schichtgesteine auf den Kontinenten, ihre Herkunft aus dem Meer und, wenn möglich, aus bestimmten Meerestiefen usw. feststellen läßt, so sehen wir sofort, daß das nur für wenige Ablagerungen möglich ist. Wir wissen z. B., daß Globigerinen- und Radiolarienschlick nur in ganz bestimmten Tiefen den Boden bedecken, daß Korallenriffe nur im warmen Flachmeer wachsen können usw. Aber wir haben auch gehört, daß z. B. „tonige" Absätze vom Küstenbereich bis zu den größten Meerestiefen überall vorkommen können. Da also organische Absätze und Beimengungen eindeutigere Aufschlüsse geben, so werden wir jetzt versuchen, die *Tiere und Pflanzen des Meeres* stärker in unseren Gedankengang einzufügen.

Auch bei ihrem Studium gehen wir von der Gegenwart aus und teilen unser Arbeitsbereich nach verschiedenen Gesichtspunkten ein. Zunächst steht fest, daß ohne Pflanzen kein tierisches Leben, und sei es das primitivste, bestehen kann, da nur die Pflanzen sich von den chemischen Verbindungen der Luft, des Wassers und der Erde ernähren und damit Nährstoffe für die Tiere aufbauen können. Wir dürfen annehmen, daß das für jede Zeit der Erdgeschichte gilt. Auch im Meere ist Pflanzenleben der Mittler zwischen den chemischen Verbindungen der Umwelt und dem Tierleben.

## a) Meerespflanzen.

Größere *Meerespflanzen* enthalten kaum erhaltungsfähige Substanzen. Die organische Substanz, die z. B. den Blauschlick oder den „Mudd“ dunkel färbt, ist sicher z. T. pflanzlicher Natur, und auch festländische Pflanzen mögen dazu beigetragen haben. Aber wir können ihre Quellen meist nicht mehr klar erkennen, und auch von den Tangen, die im Flachmeer in ganzen Wäldern wachsen, bleibt nicht viel übrig. Immerhin können gelegentlich Tangmassen angetrieben, zugedeckt und erhalten werden; sie helfen dann, küstennahe Ablagerungen wiederzuerkennen. Von Kalkalgen war bei der Besprechung der Korallenriffe mehrfach die Rede.

Die eigentliche Nahrungsquelle der marinen Tierwelt sind die *mikroskopisch kleinen, einzelligen Pflanzen des Planktons,* deren Mehrzahl dem Zwergplankton angehört, also etwa $^1/_{100}$ bis $^1/_{200}$ mm Größe besitzt. Von ihnen sind die *Coccolithophoriden* (Abb. 18) oder Kalkgeißler durch ihre mannigfach gestalteten Kalkausscheidungen und die *Diatomeen* oder Kieselalgen (Abb. 21) durch ihre Kieselgerüste erhaltungsfähig. Von ihnen war im vorigen Abschnitt bei der Besprechung des Bodensatzes der Meere schon die Rede; die Diatomeen sind besonders in kalten, die Coccolithophoriden mehr in wärmeren Meeren zu Hause. Je reicher an pflanzlichem Plankton das Oberflächenwasser ist, um so reicher ist auch das Tierleben. Für die Planktonpflanzen gilt das gleiche, was weiter unten über Planktontiere gesagt wird.

## b) Meerestiere.

Bedeutungsvoller für unsere Zwecke ist das *Tierreich. Einige Tiergruppen kommen ausschließlich im Meerwasser vor:* das sind die *Radiolarien* unter den Protozoen, die *Korallen,* die Stachelhäuter oder *Echinodermen* (also Seesterne, Seeigel, Seelilien und Seegurken), die Muschelwürmer oder *Brachiopoden* und die Kopffüßer oder *Cephalopoden* (Tintenfische). Die Hauptmerkmale der Versteinerungen aus diesen Gruppen kennenzulernen, ist wichtig.

*Radiolarien* sind einzellige Planktontiere (vgl. Abb. 20) von mikroskopischer Kleinheit, die Kieselschälchen von über-

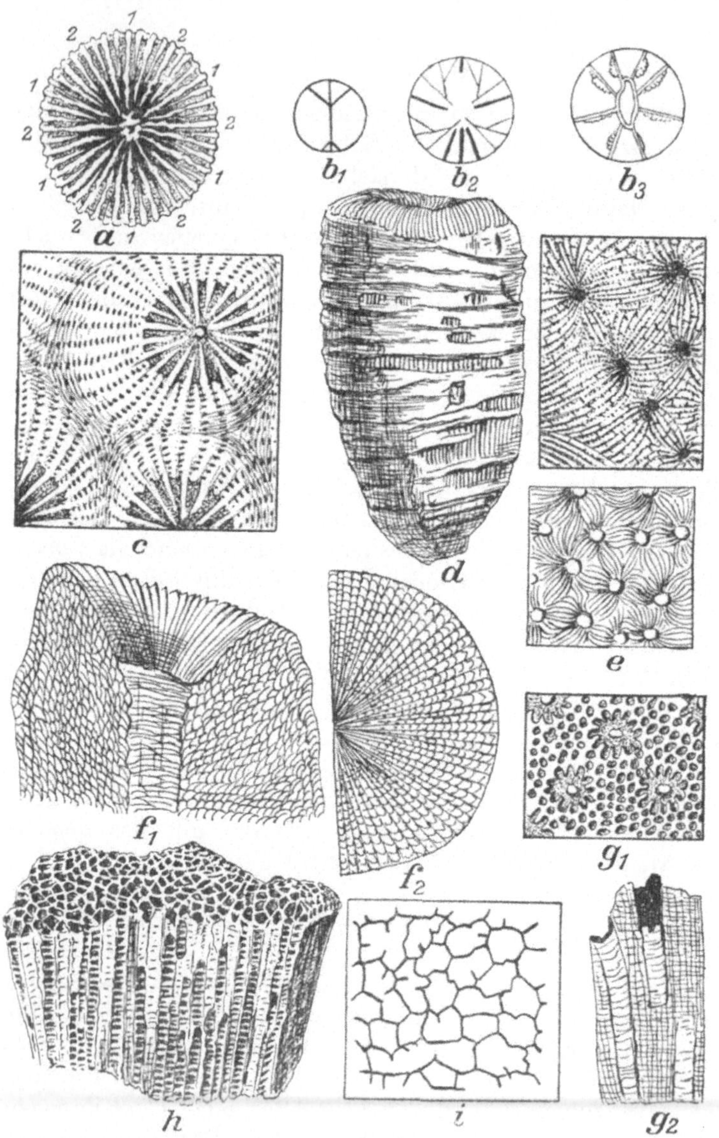


Abb. 23. Korallen und Verwandte. (Nach Stromer und Born.) *a*, *c*, *d* und die Abbildung rechts daneben: Sechszählige Korallen aus Jura und Kreide; $b_1$, $b_2$, $b_3$ Schema der ersten Septen einer vierzähligen Koralle; *e*, $f_1$, $f_2$ vierzählige Korallen aus Gotlandium und Karbon; $g_1$, $g_2$ Heliolites aus dem Gotlandium; *h*, *i* Tabulat Favosita aus dem Gotlandium und Karbon.

raschender Schönheit aufbauen. Eine Probe eines Radiolariengesteins ist S. 146 abgebildet worden, sie finden sich aber nur selten in größerer Menge, so daß sie kaum jemals zur Feststellung der marinen Entstehung eines Gesteins gedient haben.

Die Kalkskelette der *Korallen* und ähnlicher verwandter Tiere kommen vor allem in kalkigen Gesteinen, oft gesteinsbildend, vor, treten dagegen in sandigen und tonigen Schichten zurück oder fehlen ganz. Einzelkorallen (Abb. *a, d, f*) sind weniger wichtig als massive oder ästig verzweigte Kolonien. Man erkennt Korallen, auch in scheinbar fossilleeren Kalken, oft gut an angewitterten Flächen im Durchschnitt und studiert sie angeschliffen, noch besser in Serienschliffen oder -schnitten. Dann sieht man das Hauptmerkmal der typischen Korallen: die dünnen Kalkwände (Septen), die von der Außenwand jedes Kelches (Polypen) nach der Mitte zu streben. Sie sind bei den beiden wichtigsten Gruppen sechszählig (Abb. *a*) und vierzählig (Abb. *b*) geordnet, was allerdings bei ausgewachsenen Kelchen mit sehr vielen Septen nur schwer zu erkennen ist. Wahrscheinlich sind die sechszähligen Hexakorallen der jüngeren Erdschichten aus den älteren vierzähligen Tetrakorallen, die auf das Erdaltertum[1] beschränkt sind, hervorgegangen. In den älteren Meeresbildungen beteiligen sich noch weitere korallenähnliche Tiere, oft massenhaft, am Riffbau, vor allem die Tabulaten (Abb. *h, i*), die sich durch fehlende oder nur unregelmäßig angedeutete Septen von den eigentlichen Korallen unterscheiden. Ihre Kelche sind häufig durch Querböden (Tabulae) in Stockwerke eingeteilt. Auch Heliolites (Abb. *g*) aus der gleichen Zeit verdient genannt zu werden; hier sind die Einzelkelche durch blasiges Gewebe verbunden und haben septenartige Vorsprünge nach innen.

Sternförmige Querschnitte, dicht aneinandergepreßte oder locker verbundene Einzelpolypen im Längsschnitt oder schräg durchschnittene Stöcke sind im allgemeinen leicht kenntlich (wenn auch im einzelnen oft schwierig zu bestimmen) und beweisen, daß die betreffende Schicht im Meer abgelagert wurde.

---

[1] Die Einteilung der Erdgeschichte wird in einem besonderen Abschnitt Seite 98 besprochen.

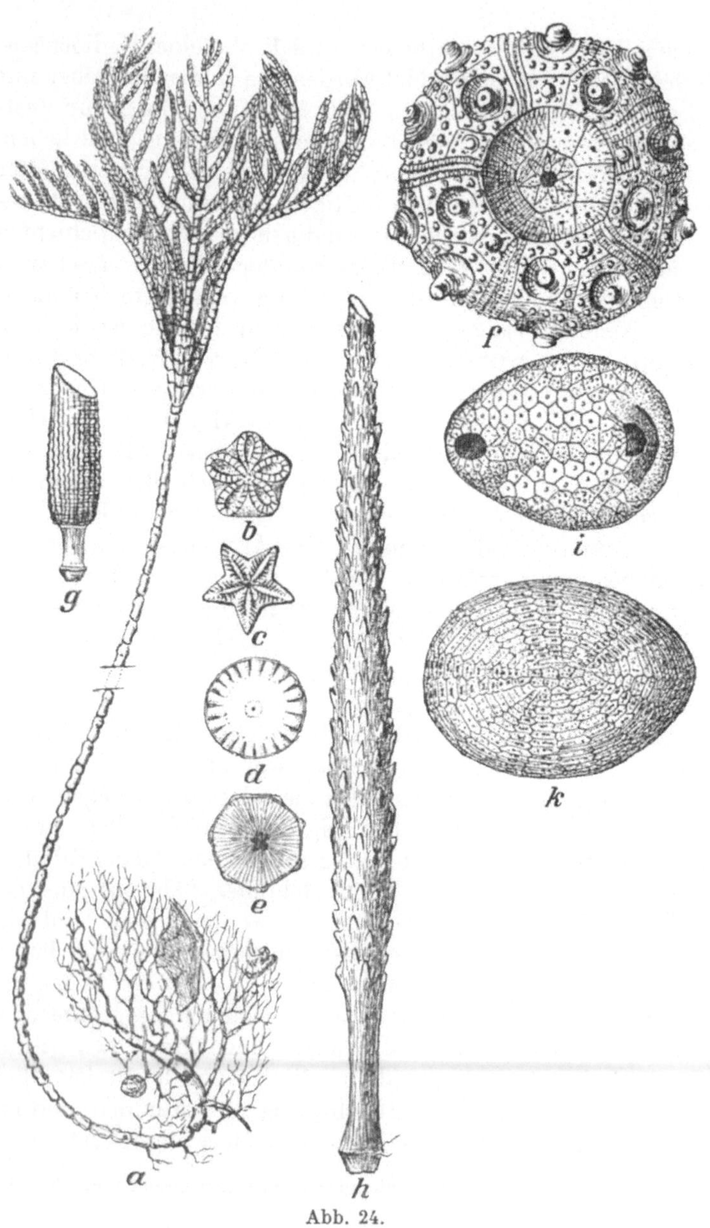


Abb. 24.

Versteinerte Reste von *Stachelhäutern (Echinodermen)* sind stets leicht zu erkennen, weil jedes Teilchen des Hautskeletts sich wie ein Kalkspatkristall verhält, d. h. die ausgezeichnete rhomboedrische Spaltbarkeit dieses Minerals besitzt. Die glänzenden Spaltflächen fallen in jedem Gestein leicht ins Auge. Vollständig erhaltene Seelilien (Abb. *a*) sind nur gelegentlich häufiger, und zwar meist in tonigen Gesteinen; im allgemeinen zerfallen sie nach dem Tode der Tiere, und ihre Stiel- und Armglieder bauen manchmal ganze Gesteinsbänke auf. Stielglieder (Abb. *b—e*) sind isoliert fast überall häufig und an der (meist fünfstrahligen oder auch runden) Form und Zeichnung der Gelenkflächen kenntlich. Seesterne sind fast stets selten; Seeigel (Abb. *f, i, k*), deren Hautskelett einen festen Panzer bildet und meist im Zusammenhang erhalten bleibt, spielen namentlich in jüngeren Meeresschichten eine Rolle. Gelegentlich finden sich isolierte Stacheln (Abb. *g, h*) und Stachelbruchstücke in ziemlicher Menge.

Zu nebenstehender Abb. 24. Stachelhäuter (Echinodermen). (Nach Zittel, Neumayr und Kayser; z. T. leicht abgeändert.)

*a* Seelilie aus der Gegenwart; *b, c, d, e* Stielglieder von Seelilien der Urzeit; *f* „regulärer" Seeigel Cidaris aus der Jurazeit; *g, h* Stacheln „regulärer" Seeigel; bei beiden ist das Ende abgebrochen: Spaltfläche des Kalkspats; *i, k* „irregulärer" Seeigel Ananchytes aus der Kreidezeit.

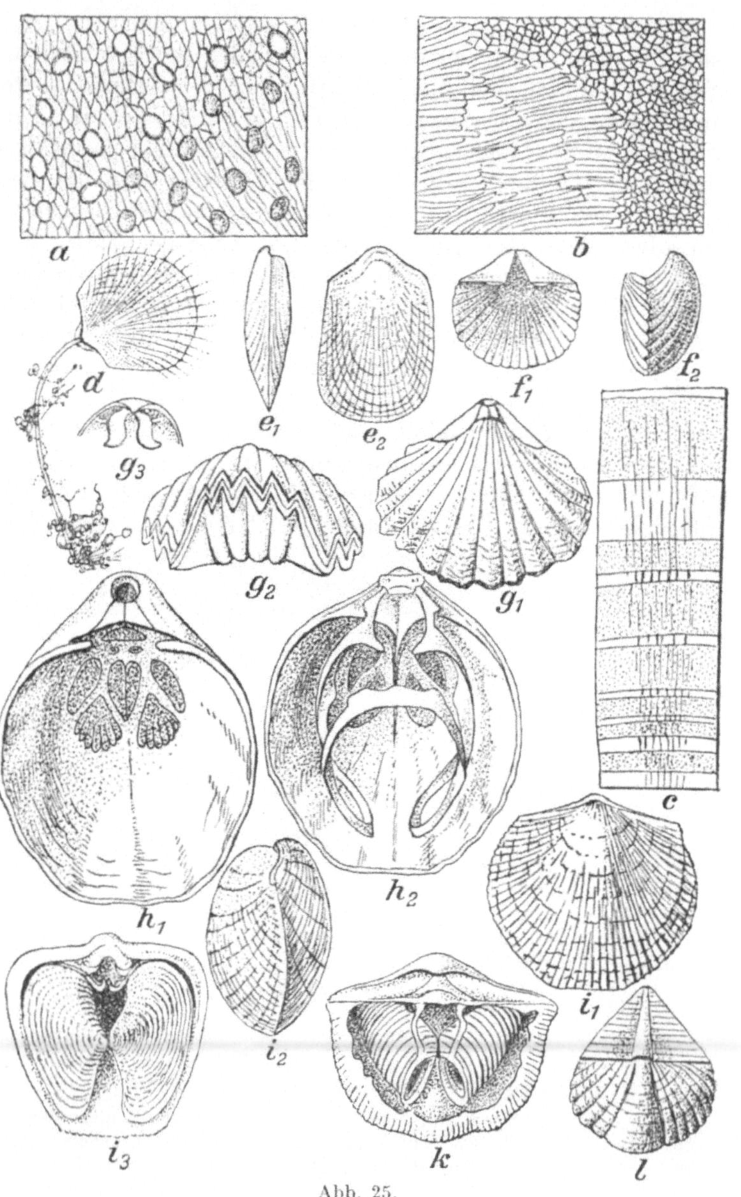

Abb. 25.

*Muschelwürmer oder Brachiopoden* besitzen zwei Schalen, deren jede symmetrisch gebaut ist, die oben und unten zum Körper liegen (nicht wie bei den Muscheln rechts und links) und bei denen der Wirbel der einen Klappe, der Ventralklappe, fast stets den der anderen, der Dorsalklappe, überragt. Der überstehende Wirbel ist entweder durchbohrt oder unter ihm befindet sich eine Öffnung, durch die ein muskulöser Stiel tritt, mit dem die Tiere festwachsen (Abb. *d*) (bei manchen ausgestorbenen Formen schließt sich die Öffnung im Alter, so daß die Tiere dann frei werden). An ihrem symmetrischen Bau sind die Schalen meist leicht zu erkennen; Schalenbruchstücke erkennt man unter der Lupe daran, daß sie aus schräg zur Oberfläche stehenden Kalkspatprismen bestehen und zum Teil dicht („faserig") (Abb. *b*), zum Teil von feinen Poren durchsetzt („punktiert") (Abb. *a*) sind. Auch „hornschalige" Brachiopoden (Abb. *e*, *c*) kommen vor; bei ihnen besteht die Schale aus Keratin, einer hornartigen Substanz, die Kalziumphosphat enthält, oder aus abwechselnden Lagen von Keratin und Kalk. Zwei ausgefranste „Arme" des Tieres werden oft von kurzen Haken oder Schleifen oder Spiralen aus Kalk (Abb. $h_2$, $i_3$, *k*) gestützt, die man auch gelegentlich versteinert im Innern der Schalen findet und als Merkmal zur Erkennung der zahlreichen Gattungen benutzt. Auch Steinkerne (Abb. 56b), d. h. die verhärteten Schlammausfüllungen der Schalen, sind, wenn diese selbst verschwunden sind, leicht kenntlich und zeigen viele Merkmale des Tierkörpers, dessen Organe auf der Schaleninnenseite Eindrücke hinterließen.

Zu nebenstehender Abb. 25. Muschelwürmer (Brachiopoden). (Nach Stromer, Chun und Zittel.)

*a* „punktierte" Schale
*b* „faserige" Schale
*c* „Horn-" und Kalkschichten wechsellagernd
} der mikroskopische Bau von Brachiopodenschalen;
*d* lebendes Brachiopod mit Stiel; $e_1$, $e_2$ hornschaliges Brachiopod Lingula; $f_1$, $f_2$ Brachiopod Orthis aus dem Gotlandium, ohne „Armgerüst"; $g_1$, $g_2$, $g_3$ Brachiopod Rhynchonella aus dem Jura, mit kurzen Haken; $h_1$, $h_2$ Brachiopod Magellanea aus der Gegenwart, mit Schleifen; $i_1$, $i_2$, $i_3$ Brachiopod Atrypa aus dem Erdaltertum, mit Spiralen; *k* Brachiopod Spirifer aus dem Devon, mit Spiralen; *l* Brachiopod Cyrtina aus dem Devon.

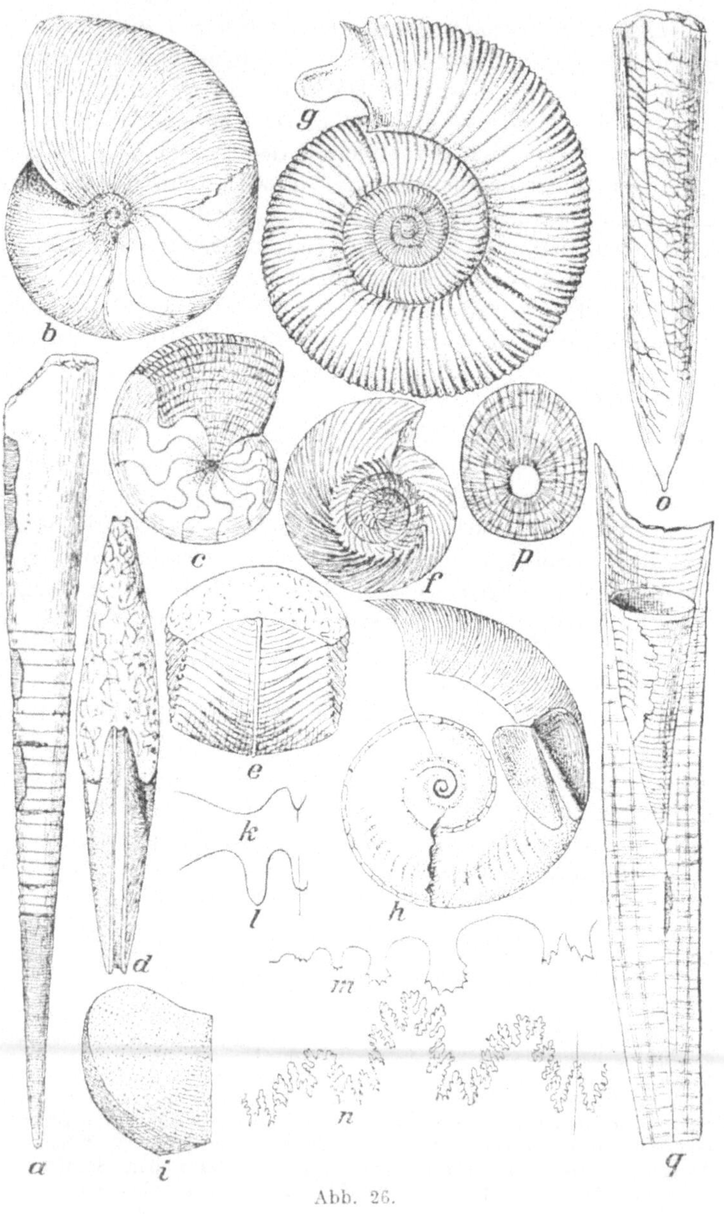


Abb. 26.

Die wichtigsten Vertreter der Kopffüßer oder *Cephalopoden* sind die Nautiliden, die Ammoniten und die Belemniten. Nautiliden und Ammoniten haben gekammerte dünne Schalen aus Aragonit, die wegen ihrer leichten Löslichkeit nur selten erhalten sind; die Steinkerne zeigen wegen der Dünne der Schalen fast immer die Skulptur der Außenseite, außerdem aber die Linien, mit denen die Kammerwände an die Innenseite der Schale stießen (die sog. Lobenlinien und Suturen [Abb. *k—n*], die von großer systematischer Bedeutung sind). Sie sind bei Nautilus und den ältesten Ammoniten (Goniatiten) einfach, bei sehr zahlreichen Geschlechtern des Erdmittelalters aber oft reich zerschlitzt. Die weitaus meisten Nautiliden und Ammoniten sind spiral aufgerollt, es gibt aber auch stabförmig gebogene, turmförmig und unregelmäßig aufgerollte Schalen (Abb. 89). Von der jeweils vordersten Kammer der Schale, der sog. Wohnkammer, zieht ein Strang durch alle Kammerwände bis zur Anfangskammer, der sog. Sipho (Abb. 26h).

Von der Belemnitenschale ist gewöhnlich nur das „Rostrum" (Abb. *o*) (im Volksmunde als „Donnerkeil" oder „Teufelsfinger" bezeichnet) erhalten, ein massiver, verschieden gestalteter gerader Stachel, der aus radialen Fasern von Kalkspat besteht, die auch konzentrisches Wachstum erkennen lassen.

Zu nebenstehender Abb. 26. Kopffüßer (Cephalopoden). Nach Stromer und Zittel.

*a* Nautilide Orthoceras aus dem Devon; *b* Nautilide Nautilus aus dem Jura; *c—n* Ammoniten, verschiedene Formen; *c* Tornoceras aus dem Devon; *d* Sageceras aus der Trias; *e*, *f* Tropites aus der Trias; *g* Pericphinctes aus dem Jura; *h* Oppelia mit Aptychus aus dem Jura; *i* Aptychus aus dem Jura; *k—n* Lobenlinien; *o—q* Belemniten aus Jura und Kreide.

Die Mehrzahl der Forscher nimmt an, daß die Angehörigen dieser Tiergruppen auch in der Vergangenheit Meeresbewohner waren, d. h. *daß alle Ablagerungen, die Reste dieser Tiere einschließen, im Meere entstanden sind.* Radiolarien kommen vorwiegend in feinkörnigen kieseligen Gesteinen, Korallen, Echinodermen und Cephalopoden vorzugsweise in verschiedenartigen Kalken, Brachiopoden, namentlich im Paläozoikum, außer in kalkigen oft auch in sandigen Gesteinen vor.

In allen übrigen Tierklassen, mit Ausnahme der Tausendfüßer und der Amphibien, gibt es Vertreter, die im Meerwasser leben. So sind fast alle Protozoen, deren Schale aus kohlensaurem Kalk oder aus verkitteten Fremdkörpern besteht, Meeresbewohner, ebenso fast alle Schwämme, Hydrozoen, Medusen, viele Würmer, die meisten Bryozoen oder Moostierchen, Muscheln, Schnecken, sehr viele Krebse, die meisten Fische sowie einige Reptilien, Vögel und Säugetiere[1]. Wenn es in einer Tiergruppe Formen gibt, deren Heimat im Meerwasser *und* im Süßwasser oder gar auf dem Festlande und in der Luft liegt, so sind diese nur dann für uns von Bedeutung, wenn wir *bestimmte und untrügliche Merkmale* finden, die jeden Zweifel auf ihren Lebensort ausschließen. Denn die Tatsache, daß ihre Reste auf dem Meeresgrund (oder auf einem Meeresgrund der Vergangenheit, einer Schichtfläche) liegen, bedeutet zunächst nur, daß wir den *Begräbnis*platz kennen. Niemand wird zwar eine Libelle oder eine Schwalbe, die der Wind ins Meer trieb, für ein Meerestier halten; ob aber der Erbauer einer Schneckenschale auf dem Festland, im Süßwasser oder im Meere gelebt hat, ist schon schwieriger zu entscheiden. Hier führt nur genaue Formenkenntnis zu sicheren Schlüssen, und für die frühesten Zeiten der Erdgeschichte reicht oft nicht einmal diese mit voller Sicherheit aus! Allgemeingültige Merkmale lassen sich nicht geben; immerhin mag, da ein sehr großer Prozentsatz der Versteinerungen aus Schnecken- und Muschelschalen besteht, erwähnt werden, daß die Kalkschalen von Meerestieren meist reicher und mannigfaltiger

[1] Einige für die Wiedererkennung vorzeitlicher Meere wichtige Vertreter sind im Absatz, der die Meere selbst schildert, abgebildet.

verziert sind als die von Land- und Süßwassertieren. Die Unterscheidung der Schalen von Meerestieren und der aus anderen Lebensbezirken ist selbst für den Kenner gelegentlich schwierig; die ungeheure Formenmannigfaltigkeit ist aber im Rahmen eines kleinen Buches auch nicht andeutungsweise zu schildern. Hier helfen nur Kenntnisse. die durch systematisches Studium der wichtigsten Formen erworben werden. Das Zusammenvorkommen derjenigen Tiere, die auf das Meer beschränkt sind, mit anderen, weniger beständigen, ist oft ein wichtiger Hinweis für den Anfänger, zumal wenn er in älteren Ablagerungen sammelt. Denn je weiter wir in der Erdgeschichte zurückgehen, um so fremdartiger werden die Versteinerungen, wie wir im zweiten Teil noch hören werden; um so mehr schwindet daher die Möglichkeit des unmittelbaren Vergleichs versteinerter Reste mit den vertrauten Formen aus den Meeren der Gegenwart. *Sicher* marine Tiere helfen über manche Schwierigkeit fort, ja, manche der aus sehr frühen Zeiten stammenden Reste ausgestorbener Tiere sind überhaupt nur deshalb als marin anzusprechen, weil sie mit solchen einwandfreien Formen zusammen vorkommen!

### c) Die Verteilung der Tiere in den Bezirken des Meeres.

Leben nun Meerestiere in bestimmten Bezirken des Meeres, so daß ihre Reste uns über Küstennähe, Wassertiefe und dergleichen Aufschluß geben können?

Man kann die Gesamtheit der Meeresbewohner nach ihren Beziehungen zu ihrem Element auf zwei Arten einteilen. Die eine geht von den physikalischen und chemischen *Eigentümlichkeiten des Lebensraums* aus und scheidet zunächst das Reich des Bodens vom Reich des Wassers. Beide lassen sich wieder in eine durchlichtete Ufer- und Oberflächenzone und eine lichtlose Tiefenzone trennen, deren Grenze etwa bei 200 m Wassertiefe liegt. Wir wählen diese Einteilung nicht, weil wir aus früheren Zeiten nur Reste *toter* Tiere vor uns haben und *alle* Meerespflanzen und -tiere nach dem Tode zum Meeresboden gehören: auf dem gleichen Meeresgrund, auf dem die Bodenbewohner ihr ganzes Leben verbringen und nach dem Tode liegenbleiben, finden auch die Tiere der höheren Wasserschichten, ja gelegentlich die der Luft und des Festlandes ihr Grab. Für uns sind daher die *Merkmale der Bewohner einzelner Lebensbereiche* wichtig, um die ungeheuren Leichenfelder aus der Vergangenheit zum Leben erwecken und auf ihre Lebensplätze in den früheren Meeren verteilen zu können. Deshalb wählen wir die Einteilung, die *das Leben selbst* in den Vordergrund stellt, und trennen alle Meeresbewohner in Plankton, Nekton und Benthos. *Plankton* nennt man treibende Pflanzen und Tiere ohne oder mit nur geringer Eigenbewegung, deren Verbreitung im wesentlichen durch Wind und Strömungen erfolgt; der Begriff des *Nekton* umfaßt aktiv schwimmende Tiere, die beträchtliche Wanderungen aus eigener Kraft unternehmen können; unter *Benthos* endlich versteht man Bodenbewohner, festsitzend oder auch langsamer Fortbewegung fähig (sessil oder vagil). Zwischen den drei Reichen gibt es keine scharfen Grenzen; viele Tiere des vagilen Benthos (z. B. Plattfische, wie die Schollen) wandern mit Ebbe und Flut, während umgekehrt manche nektonischen Tiere zeitweilig am Boden ruhen, besonders in höherem Alter, oder sich planktonisch treiben lassen und viele Tiere des Benthos planktonische Jugendstadien haben.

### *α*) Bodenbewohner.

*Benthostiere* sind im höchsten Grade abhängig von der Beschaffenheit des Grundes. Sie bilden (mit den Pflanzen) *Lebensgemeinschaften oder Biozönosen,* und die Summe aller Merkmale einer solchen Lebensgemeinschaft zusammen mit denen ihrer Umwelt nennt man eine *Fazies.* Das eingehende Studium der Fazies ist für die Frage nach der früheren Verbreitung der Meere von großer Bedeutung. Man spricht z. B. von der Fazies des Wattenschlicks und versteht darunter den weichen Schlick der Küstenzone mit seinen organischen und anorganischen Bestandteilen, mit seiner Durchtränkung durch Meerwasser und Verwesungsflüssigkeit, mit allen seinen lebenden und toten Bewohnern, ihrer Tätigkeit, ihren Spuren und ihren Abfällen, aber auch mit der Abhängigkeit des Schlicks von Festland und Meer, von Sonne und Wind, von Ebbe und Flut, seinen Prielen und Rippelmarken, seiner Herkunft, seinen Wandlungen, seiner Zukunft und den festen Gesteinen, die aus der Ruhelosigkeit seiner heutigen Bestandteile hervorgehen. In ähnlicher Art spricht man von der Fazies des Geröll- oder Sandstrandes, der Klippenküste, des Tiefseeschlamms oder des Korallenriffs usw.

Lebensgemeinschaften von Bodentieren beruhen auf Nahrungszufuhr aus anderen Reichen; man hat sie treffend mit Industriestaaten verglichen. Nur unter dem Einfluß dieser ständig fließenden Nahrungsquelle haben viele Tiere der verschiedensten Klassen (mit alleiniger Ausnahme der Wirbeltiere) ihre freie Beweglichkeit aufgegeben. Je tiefer das Meer, um so spärlicher wird die Nahrungszufuhr, weil sie unterwegs beim Absinken durch viele planktonische und nektonische Reiche kommt und überall Anwärter bereitstehen. Eine Ausnahme machen lediglich schmale Zonen des tieferen Meeresgrundes, die im Grenzbereich warmer und kalter Strömungen liegen, wo durch lange dauernde Winde leicht ein Übergreifen verschieden warmer Gewässer vorkommen und ein Massensterben der empfindlichen Planktontiere herbeiführen kann. Um so mehr nehmen daher mit zunehmender Tiefe die Bodenbewohner ab. Das Flachmeer ist am reichsten an Bodenbewohnern; die durchsonnten Fluten bergen unerschöpfliche Nahrung, Küstenströmungen, Brandung, Flüsse, Ebbe und Flut tragen ständig Beute herbei, und so ist eine reiche und mannigfaltige Fauna von Benthostieren nur im Flachmeer möglich. Manche Muscheln, Schnecken und andere Tiere lassen eine bemerkenswerte Unabhängigkeit gegenüber der Wassertiefe erkennen und kommen gelegentlich in Tiefen von wenigen Metern bis zu mehreren tausend Metern vor, während andere nur in bestimmter Tiefe gedeihen. Arten- und Individuenzahl nimmt mit der Entfernung von den Festlandsockeln ab; die Pflanzenfresser verschwinden, da in der lichtlosen Tiefe pflanzliche Nahrung fehlt, und es bleiben Aasfresser und Räuber übrig, denen die Nahrung spärlich zugemessen wird. So bleiben sie meist klein. Rückgebildete oder ganz verschwundene Augen bei manchen

Schnecken, Muscheln, Krebsen und Fischen, gewaltig vergrößerte Augen bei anderen, Leuchtorgane, stark reduzierte und sehr zarte Skelett- und Panzerbildungen, hochgradig entwickelte Tastorgane — das sind einige Merkmale dieser eigenartigen Welt. In den Tiefen des Meeres herrscht niedrige Temperatur, und so kommt es, daß manche Schnecken, Muscheln, Krebse und andere Tiere, die in polaren Gegenden im Flachwasser leben, sich in wärmeren Gegenden in der Tiefsee finden. Stachelhäuter, vor allem Seesterne, sind auf dem Boden tiefer Meere reich vertreten.

*Alle Schwämme (Spongien), Korallen, Muschelwürmer (Brachiopoden), Moostierchen (Bryozoen)*, fast alle Seelilien (Crinoiden), manche Urtiere (Protozoen), Würmer, Muscheln, Schnecken und sogar Krebse[1] sind z. T. direkt angewachsen, z. T. stecken sie mit ihren Wurzeln im Schlamm, heften sich mit hornigen Fasern an, bohren sich in Felsen ein oder befestigen sich auf andere Weise. Viele leben gesellig in Kolonien, viele pflanzen sich ungeschlechtlich fort (durch Teilung, Sprossung), andere durch freischwimmende Larven. Überall im Tierreich, hier besonders auffällig, werden Formen gleicher Lebensweise äußerlich einander ähnlich, ohne verwandt zu sein. Die Neigung zur Ausbildung von Lokalformen ist besonders stark.

Zum *vagilen Benthos* (d. h. zu den frei beweglichen Bodenbewohnern) gehören *alle Seeigel und Seesterne,* die meisten Muscheln und Schnecken, viele Urtiere (Protozoen) und Würmer, einige Kopffüßer (Cephalopoden), Krebse und Fische[1]. Sie haben wohlentwickelte Fortbewegungsorgane und leben nie in Kolonien oder Stöcken. Viele gehören zu den „Schlamm-“ oder „Sandfressern“, die das ganze am Boden anlangende Material durch ihren Darm passieren lassen und chemisch aufbereiten; viele sind Aasfresser. Viele Bodenbewohner stecken tief im Schlamm, andere bauen aus Sand oder Schlamm Gehäuse, z. T. von großer Festigkeit.

*Lebensgemeinschaften von Bodenbewohnern* sind bei ihrem starken Gebundensein an die Umwelt besonders empfindlich gegen Veränderungen irgendwelcher Art. Jedes Tier steht

[1] Vgl. Anmerkung S. 33.

hier in Wechselbeziehung zum anderen und zu allen Einzelheiten der Umwelt, und kein Glied einer solchen Gemeinschaft, lebend oder leblos, kann ausfallen oder sich ändern, ohne daß alle anderen davon beeinflußt werden. Eine gut bekannte benthonische Lebensgemeinschaft ist z. B. eine Austernbank der Nordsee. Die Austern brauchen festen Untergrund zum Anheften in nahrungsreichem, bewegtem, d. h. gut durchflutetem und durchsonntem, reinem Wasser. Sie leben von Plankton: Urtieren, Diatomeen und anderen Algen; mit und z. T. von ihnen oder ihren herumschwärmenden Larven leben ganz bestimmte Fische, Krebse, Stachelhäuter, Schnecken, Muscheln, Schwämme. Aber eine solche Lebensgemeinschaft, wie sie an der schleswig-holsteinischen Küste typisch vorkommt, sieht bereits bei Helgoland anders aus und ist in der Nähe der englischen Küste noch stärker verschoben. Durch wiederholte Untersuchung der „Taubenbank" im Golf von Neapel wurde festgestellt, wie stark sich auch am *gleichen* Ort Lebensgemeinschaften innerlich verschieben können, wenn die äußeren Lebensbedingungen sich ändern. Wahrscheinlich sprechen die unruhigen Bodenverhältnisse und die gelegentlich starke Zufuhr vulkanischer Tuffe aus dem nahen Vesuv mit, denn es scheint, daß z. B. in der Nordsee Änderungen der Umweltbedingungen seltener vorkommen oder langsamer vor sich gehen und damit die Lebensgemeinschaften beständiger sind. Bei einer Austernbank oder einer Seegraswiese, einem Korallenriff und mancher anderen Lebensgemeinschaft bildet der namengebende Bodenbewohner durch seine Massenhaftigkeit den lebendigen Kern der Lebensgemeinschaft. Bei anderen Lebensgemeinschaften liegt die zusammenhaltende Kraft im Sediment. Die Fazies des lockeren Sandes und Schlicks, z. B. mit ihren Diatomeenrasen, ihren eingegrabenen Muscheln, Würmern, Seeigeln, ihren durch lose Bedeckung maskierten Fischen und Tintenfischen, ihren Seesternen und Krabben, aber auch ihren beutelüsternen Fischen, Vögeln und Säugetieren, bieten ein gutes Beispiel; der Nahrungsgehalt des Bodensatzes und der Sauerstoffgehalt des Wohnortes bestimmen die Menge der Bewohner, wobei nicht nur mit der Wassertiefe und

Wasserbewegung, sondern auch aus anderen, uns oft unbekannten Gründen sich die Fauna innerlich verschieben kann.

Besonders bedeutungsvoll ist für uns die *Ausbreitungsmöglichkeit der Bodenbewohner.* Festgewachsene Pflanzen und Tiere, aber auch langsame Kriecher und Schwimmer wären eng an ihre Entstehungsbezirke gebunden, wenn sie nicht planktonisch lebende Larvenstadien besäßen, die mit Strömungen verfrachtet werden. Die Möglichkeit einer weiten Verbreitung hängt in hohem Maße von der Dauer des Larvenstadiums, der Strömungsgeschwindigkeit und von der Meerestiefe ab. Denn eine nahezu reife Larve eines Flachmeertieres, die den Boden aufsuchen will, um ihre Verwandlung zum ausgewachsenen Tier zu vollziehen, muß in großer Wassertiefe zugrunde gehen. Die Dauer des Larvenstadiums liegt im allgemeinen zwischen 4—5 Tagen und etwa $1^1/_2$—2 Monaten; die normale Strömungsgeschwindigkeit am Äquator beträgt 1—2 km in der Stunde, kann aber in Meerengen bis auf 2 oder $2^1/_2$ m in der Sekunde steigen. Bezeichnend ist z. B., daß von allen lebenden hornschaligen Muschelwürmern der Gattungen Lingula und Discina nur eine ausgesprochene Tiefenform weltweit verbreitet ist, weil ihre planktonisch lebende Larve beim Übergang zur benthonischen Lebensweise des erwachsenen Tieres überall geeignete Lebensbedingungen findet. Auch für andere benthonische Tiefenformen gilt das gleiche. Viel seltener ist die Verbreitung festsitzender Benthostiere an Treibholz und dergleichen. Da also Flachseebewohner nur in Ausnahmefällen große Wassertiefen überwinden können, so bedeutet der offene Ozean für die Verbreitung der küstenbewohnenden Bodentiere ein fast ebenso starkes Hindernis wie ein zwischengeschalteter Kontinent. Küstenbewohner vermögen zwar über viele Breitengrade hinweg nordsüdlich gerichteten Küsten zu folgen, dagegen kaum einen Längengrad zu überschreiten.

### β) Aktive und passive Schwimmer.

Plankton- und Nektontiere sind im Leben unabhängig vom Meeresgrund. Bei den echten *Nektontieren* sind die Fortbewegungsorgane (Flossen, Ruder) gut entwickelt; sie sind mehr oder minder unabhängig von Winden und Strömungen. Hierher gehören vor allem große Tiere: manche Fische und Tintenfische, vor allem die Wale und die Mehrzahl der heute nur noch spärlich vertretenen Meeresreptilien. Unter den Nektontieren gibt es Kosmopoliten, aber auch Arten mit engbegrenzten Lebensbezirken.

*Planktontiere* schweben im Wasser; die Berührung des Bodens bedeutet für sie den Tod. Ihre Eigenbeweglichkeit ist geringer als die des bewegten Wassers; sie fehlt in vielen Fällen. Die meisten Planktontiere sind klein. *Alle Radiolarien,* die meisten einzelligen Pflanzen und Tiere, Medusen, viele Würmer, Mollusken und Krebse *leben planktonisch.* Niedere Krebse, vor allem Copepoden, bilden in der Gegenwart die Hauptmenge des planktonischen Lebens. Sie unterscheiden sich von anderen Meerestieren oft durch Schwebeeinrichtungen verschiedener Art, die benötigt werden, weil die lebende Substanz spezifisch etwas schwerer ist als das Meerwasser. Zunächst wird an Hartteilen gespart; bei nahe verwandten Arten sind Skelett oder Schalen planktonisch lebender Vertreter zarter als bei Benthosformen. Ferner ist der Wassergehalt vieler Planktontiere sehr hoch; sehr viele speichern leichte Fettsubstanzen oder Öltröpfchen in ihren Körpern auf, ja manche haben besondere Vorrichtungen, um Luft oder andere Gase mit sich zu führen. Die Schwimmblase der Fische ist hier zu erwähnen; auch die gekammerten Schalen der Kopffüßer Nautilus und Spirula, obwohl der erstgenannte sicher vorwiegend benthonisch lebt, dürften zur Erleichterung des Schwebens im Wasser dienen. Endlich vergrößert sich der Sinkwiderstand des Körpers durch Schwebflächen und Schwebstangen mannigfaltigster Art, die vor allem bei den einzelligen Pflanzen und Tieren weit verbreitet sind. Bei den meisten Planktontieren aber wird das Sinken durch aktiven Widerstand überwunden. Schlagende Wimpern und Geißeln, die oft in großer Zahl zu Schnüren angeordnet sind (bei vielen Larven), das Erzeugen eines Rückstroms durch kräftiges Zusammenziehen der muskulösen Glocke der Medusen, gehören hierher. Auch hier gibt es viele

Übergänge zum aktiven Schwimmen, also vom Plankton zum Nekton. Da die Tragkraft kälteren und stärker salzigen Wassers größer ist, wahrscheinlich auch mit zunehmender Tiefe steigt, so sind einmal die tragenden Einrichtungen in warmen Meeren stärker entwickelt, dann aber nimmt die Größe und Schalenstärke planktonisch lebender Arten mit wachsender Meerestiefe nicht selten zu. Plankton schwebt nicht nur an der Oberfläche des Meeres, sondern in allen Tiefen; das Wasser ist gewissermaßen in Stockwerke geteilt. Die Verbreitung vieler mikroskopischer Planktonformen „sieht aus wie ein mechanisches Durchsieben, ein Sinken des Tieres bis in die Tiefe, wo es sich halten kann". Mit der geringeren Tragfähigkeit tropischen Wassers mag auch zusammenhängen, daß viele arktische Tiere größer werden als ihre Verwandten in warmen Meeren.

Die Verbreitung planktonisch lebender Tiere ist an Meeresströmungen gebunden. Bei kreisförmig verlaufenden Strömungen werden die Planktontiere an die Ausgangsstelle zurückgeführt; Strömungen, die warmes Wasser in kalte Gegenden bringen und dort enden, oder umgekehrt, tragen den Plankton in ungünstige Lebensräume, wo er zugrunde geht; das gleiche findet bei der Verlegung eines kalten Stroms in das Gebiet eines warmen, etwa durch langandauernde Winde, statt.

Auch Plankton und Nekton bilden Lebensgemeinschaften, die aber, was für die Frage nach der Verbreitung und dem Bau früherer Meere von Bedeutung ist, von der Gestaltung des Bodens und des Sediments mehr oder minder unabhängig sind.

### γ) Die chemisch-physikalischen Gesetze der Tierverbreitung im Meere.

Die Verbreitung der Tiere aller drei Reiche regelt sich nach chemischen und physikalischen Gesetzen. Man bezeichnet Wassertiere, die nur in einem relativ gleichbleibenden Salzgehalt leben können, als *stenohalin*; hier wären die auf das Meer beschränkten großen Tiergruppen in erster Linie zu nennen. *Euryhalin* nennt man dagegen Tiere, denen gewisse

Schwankungen des Salzgehaltes nichts ausmachen, ja die sich in schwachsalzigem Wasser, z. B. an den Mündungen der großen Ströme oder in Binnenmeeren mit reichlich Süßwasserzufuhr (wie der Ostsee), recht wohlfühlen. Aal, Lachs und Stör seien als Beispiel unter den Fischen genannt; wichtiger für den Paläontologen sind eine Anzahl Schnecken und Muscheln, weil ihre Schalen leichter kenntlich bleiben als die nach dem Tode meist zerfallenden und dann schwerer zu deutenden Hartteile der Fische. Da an den Küsten der Salzgehalt des Meerwassers am stärksten schwankt (durch die wechselnde Süßwasserzufuhr der Flüsse, durch Regen usw.), so sind viele Flachmeerbewohner euryhalin. Hierher gehören z. B. Auster (Ostrea) (Abb. 27a), Miesmuschel (Mytilus) (Abb. 27b) und Herzmuschel (Cardium) (Abb. 27c), in weniger hohem Grade die Strandschnecke (Litorina) (Abb. 27d). Im Brackwasser wird das reiche Tierleben des Meeres mit Abnahme des Salzgehaltes ärmer an Arten, und viele Meeresbewohner nehmen an Größe ab. Die Ostsee z. B., deren Salzgehalt mit der Entfernung von der Verbindung mit der Nordsee abnimmt, zeigt eine nach Osten zunehmende Verarmung der Fauna und ein Kleinerwerden der Meerestiere. Dagegen vermehrt sich die Anzahl der Individuen der euryhalinen Formen oft ins Ungemessene, als ob sie den Platz der ausgefallenen stenohalinen Brüder ausfüllen wollten. Für manche Pflanzen und Tiere scheint sogar der mit Ebbe und Flut täglich zweimal einsetzende Wechsel von Salz- und Süßwasser in den Mündungen der großen Ströme besonders gute Lebensbedingungen zu bieten.

Die *Kalk*schalen der Meerestiere werden wahrscheinlich aus dem Kalziumsulfat, das im Meerwasser gelöst ist, durch Ammoniumkarbonat, das im Körper der Tiere entsteht, gefällt. Da diese Fällung *in der Wärme* rascher vor sich geht als in der Kälte, so leben die dickschaligsten und größten Schnecken und Muscheln, die gewaltigsten Riffbauer (Korallen) in *warmen* Meeren, und so nimmt die Kalkabscheidung auch nach der Tiefsee hin ab, weil dort ständig kaltes Wasser von den Polen zuströmt. Arktische und in großer Tiefe lebende Verwandte der kalkschaligen Tiere unserer durch-

Abb. 27. Flachmeerbewohner der Nordsee: *a*, *b* Auster (Ostrea) $^1/_2$, *c* Miesmuschel (Mytilus) $^1/_2$, *d* Herzmuschel (Cardium) $^1/_1$, *e* Strandschnecke Litorina $^1/_1$, *f* Seepocken Balanus $^2/_3$, *g* Käferschnecke Chiton $^1/_1$, *h*, *i* Napfschnecke Patella $^1/_1$.

sonnten Flachmeere oder gar der Tropen haben oft zartere oder nur chitinige Panzer oder bleiben nackt.

Überhaupt ist die *Wasserwärme* von der größten Bedeutung für die Verbreitung der Meerestiere. In flachen Meeren und in der Nähe der Küste sind die *Schwankungen der Wärme* bedeutend größer als im offenen Ozean; „eurytherme" Tiere, die starke Temperaturschwankungen ohne Schaden aushalten, werden daher vor allem unter den Küstentieren zu finden sein. In der Tat sind manche euryhaline Küstentiere auch eurytherm, so die Auster, die Herzmuschel und die Miesmuschel; als eurytherm müssen vor allem auch die Seepocken (z. B. Balanus, festgewachsene, zu den niederen Krebsen zu zählende Küstenbewohner) (Abb. 27e), die Strandschnecke (Litorina) (Abb. 27d) sowie alle die Tiere genannt werden, die bei Ebbe, am Ufer angesaugt oder versteckt, die Rückkehr des Meerwassers erwarten und sehr hohe Wärmegrade aushalten können. Stenotherm dagegen, d. h. an bestimmte Wärmegrade gebunden, sind z. B. die Riffkorallen (Abb. 23), die deshalb weder über den Äquatorialgürtel noch über die durchsonnte Küstenzone hinausgehen. Auch die Größe der Meerestiere ist offenbar von der Wärme des Wassers abhängig; da aber die Gesetze der Größenzu- und -abnahme unbekannt sind und „Riesenwuchs" sowohl in der Arktis wie in den Tropen vorkommt, so haben solche Messungen bisher keine Bedeutung für unsere Fragen.

Tiere des bewegten Wassers, insbesondere der *Brandung*, unterscheiden sich oft deutlich von denen des Stillwassers. Brandungstiere wachsen am Felsen fest (Seepocken), saugen sich an (wie die Käferschnecke Chiton [Abb. 27f], die Napfschnecke Patella [Abb. 27g] und andere, deren eigenartige Gestalt auf ihren Wohnort hinweist) oder heften sich fest (wie die Miesmuscheln mit ihren Byssusfäden). Tiere, die sich in Felsen, Muschelschalen und andere Hartteile einbohren (Muscheln, Würmer, Schwämme usw.), sind in der Brandung besonders häufig. Manche Seeigel bohren sich Höhlen in Felsen, andere schützen sich durch dicke und schwere Stacheln; Korallen in der Brandung am Außenriff bilden runde schwere Stöcke, die zarteren ästig verzweigten

Stöcke gedeihen besser im Schutze dieses Walls. *Stillwassertiere* sind oft zart gebaut; das gilt für Glasschwämme, Seelilien, Tiefseekrebse — auch das Skelett von Tiefseefischen ist oft reduziert.

## 5. Lebensort und Begräbnisplatz.

Aus der Einteilung der unendlichen Mannigfaltigkeit der Tier- und Pflanzenwelt des Meeres nach ihren Beziehungen zu ihrem Element haben wir nun einiges kennengelernt. Um das Gelernte auf die Tier- und Pflanzenreste aus *früheren* Erdperioden anwenden und daraus einige Schlüsse auf die Verbreitung und Art der Meere der Vorzeit ziehen zu können, müssen wir die lebenden Tiere aus den toten Resten der Urzeit wiederaufbauen und sie in ihre Lebensreiche einordnen. Denn wie der Tod heute Lebensgemeinschaften zerreißt und verschiebt, so hat er es allezeit getan. Er macht alle Pflanzen und Tiere zur willenlosen Beute anderer Kräfte und vereinigt Plankton und Nekton mit dem Benthos, Hochseetiere mit Küstenbewohnern auf dem Grunde des Meeres. Solche Verschiebungen, die sich vor unseren Augen vollziehen, müssen wir kennenlernen, um Fehlerquellen bei der Ausnutzung der Versteinerungen möglichst auszuschalten.

Schon die Tatsache, daß heute gewaltige Flächen des Meeresbodens mit Schälchen planktonischer Lebewesen bedeckt sind, zeigt uns, daß der *Begräbnisplatz nicht mit dem Lebensort verwechselt* werden darf. Darüber belehrt uns auch ein Besuch der Küste; in den Spülsäumen des Meeres liegen neben den Leichen planktonischer Quallen und Protozoen gelegentlich, wenn auch seltener, solche nektonischer Fische, bodenbewohnender Seesterne und Krebse, tief im Schlamm vergrabener Würmer und Muscheln, ganz zu schweigen von Resten toter Festlandbewohner. Und sicher trifft das auch für den ständig mit Wasser bedeckten Meeresgrund zu, der sich unserer unmittelbaren Beobachtung entzieht. Aber nicht allein Tiere aus verschiedenen Lebensgebieten können im Tode vereinigt werden, auch ihr *zahlenmäßiger* Anteil an der Gesamtbevölkerung ist auf dem Friedhof nicht mehr zu erkennen, und so kann, scheinbar wahllos, eine Art aus der Lebensgemeinschaft herausgegriffen und in großer Menge, fast ohne Beimengung anderer Tierreste, auf dem Meeresgrund niedergelegt werden. Zeitweilig liegen fast nur Seesterne, zu anderen Zeiten fast nur bestimmte Muscheln oder Schnecken auf der Schorre (Abb. 28); gelegentlich häuft eine Sturmflut meilenlange Küstensäume an, die fast ganz aus Resten *einer* Art bestehen. Solche Massenansammlungen von Leichen hängen oft mit bestimmten Zeiten im Leben des betreffenden Tieres, z. B. der Reifezeit der Geschlechtsprodukte, zusammen; oft sind sie indirekt, z. B. dadurch verursacht, daß besonders reichliche Nahrung Unmengen räuberischer Tiere anlockte; oft aber kann der Grund nur in der mechanischen Sonderung durch Meeresströmungen und Wellen erkannt werden. Der Begräbnisplatz sagt in den allermeisten Fällen nichts darüber aus, welche Kraft im Einzelfall sondernd wirkte.

Der Strandwanderer erkennt viele Formen der verschiedenen Lebensreiche auch beim toten Tiere wieder, wenngleich wir über die Lebensweise der Tiere des tieferen Wassers noch wenig wissen. Der Paläontologe wird versuchen müssen, die Angehörigen der verschiedenen Lebensreiche, die er auf einer Fläche tot vereinigt findet, wieder voneinander zu trennen, d. h. mit allen Hilfsmitteln *biologische Analyse* zu treiben. Das wird um so schwieriger, je fremdartiger die Reste früherer Tiergemeinschaften werden, je ferner eine Fundschicht der Gegenwart ist. Er wird aus Massenansammlungen einer Art nicht schließen dürfen, daß diese damals allein gelebt habe; er wird weder von „explosiver Artbildung", noch von „katastrophalem Massensterben", noch von einem „Wendepunkt in der Erdgeschichte" reden dürfen, wenn die sortierende Kraft der Wogen oder einer Strömung eine dünne Schicht ganz mit Resten *einer* Art oder einer Gruppe angefüllt hat. Dichtgepackte Muschelbänke der Gegenwart und Vergangenheit haben ebensowenig etwas mit natürlichen Muschelansammlungen zu tun, wie Globigerinen- oder Radiolarienschlick bedeuten, daß in den darüberflutenden Wogen nur Globigerinen oder Radiolarien lebten — beide sind Leichenanhäufungen einzelner Tierformen, unter Ausschaltung der meisten Zeitgenossen. Es gibt eine große Menge fossiler Vorkommen aus fast allen Tiergruppen, bei denen die Transportkraft von Strömungen und Winden für die Auslese und Anhäufung verantwortlich zu machen ist. Allerdings kommt auch Massensterben vor; bereits bei der Besprechung der gelegentlichen Verlegung kalter und warmer Strömungen wurde solches erwähnt. Es kann auch von untermeerischen Vulkan-

Abb. 28. Der gleiche Strand an drei Tagen einer Woche. (Aus Rud. Richter.)
a) Nur mit Seesternen bedeckt.

ausbrüchen, plötzlichem Ausbrechen von Fäulnisgasen aus dem Schlamm, von großer Winterkälte und anderen erst zum kleinen Teil bekannten Ursachen herrühren, und es wird für den Paläontologen nicht immer leicht sein, bodenständiges Leichenmaterial von zusammengespülten Ansammlungen zu trennen, ganz abgesehen davon, daß Leichenfelder eines wirklichen Massensterbens durchaus nicht immer beisammen liegenbleiben!

Der Paläontologe wird bei schwimmfähigen Schalen (Abb. 29), wie den locker gebauten Schulpen mancher Tintenfische oder den Schalen von Nautilus und Spirula, deren

Abb. 28b. Mit einer Mischung von Quallen, Herzigeln, Krabben und Muscheln.

Abb. 28c. Nur mit Rippenquallen bedeckt.

Hohlraum, wie der eines Schiffes durch Schotten, durch dünne Kalkwände in luft- oder gaserfüllte Kammern eingeteilt ist, die Heimat der Tiere nicht in unmittelbarer Nähe suchen, wenn er sieht, daß solche Schalen in der Gegenwart nach dem Verwesen der Tiere an die Oberfläche des Meeres steigen und, unabhängig von der Verbreitung des lebenden Tieres, weithin verfrachtet werden können. Er wird darauf achten, ob gegliederte Panzer und Skelette von Tieren in

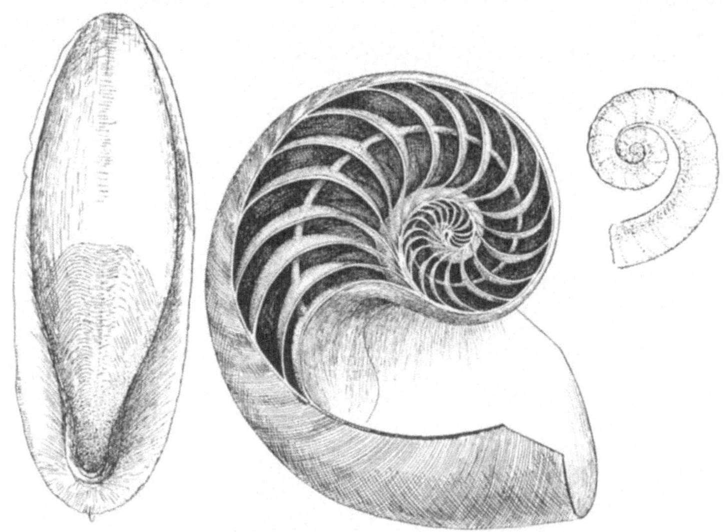

Abb. 29. Schwimmfähige Schalen: links Tintenfischschulp $^2/_3$, in der Mitte Schale von Nautilus, angeschliffen, um die Kammerwände und den Sipho zu zeigen, $^1/_4$, und rechts Spirula, nat. Gr.

Teile zerfallen sind oder im Zusammenhang niedergelegt und vom Schlamm zugedeckt wurden; denn zusammenhängende Muschelschalen, Seelilien, Krebspanzer und Wirbeltierskelette lassen darauf schließen, daß kein weiter Transport stattfand, daß vielmehr die Tiere in der Nähe ihres Lebensplatzes eingebettet wurden. Muschel- und Schneckenschalen oder andere Reste, deren feinere Verzierungen abgestoßen sind, deren Oberfläche und Kanten erkennen lassen, daß sie hin und her gerollt wurden, sind als Belege für bewegtes Wasser, d. h. für geringe Meerestiefe, gelegentlich auch für Transport, wichtig. Je schneller eine Schale oder eine Leiche vom Schlamm zugedeckt wird, um so eher sind sie vor Aasfressern und anderen zerstörenden Kräften geschützt. In tonigen Sedimenten versinkt ein Rest rascher und tiefer als in sandigen, weil Ton länger im Wasser schwebt und tiefgründiger ist als Sand. Hier wird die Bedeutung der Schnelligkeit des schützenden Absatzes am Meeresboden klar, und wir sehen, wie die Betrachtung der Versteinerungen von der des Gesteins nie gegetrennt werden darf.

## 6. Die Umwandlung der Meeresabsätze zum festen Gestein, der Leichenreste zu Versteinerungen.

Wenn wir nun, nachdem wir die Absätze und die Bewohner der heutigen Meere kennengelernt haben, soweit es im Rahmen eines kleinen Buches möglich ist, versuchen, bestimmte Gesteine aus der Urzeit zunächst als *Meeresgesteine*, dann als *Gesteine bestimmter Bezirke des Meeres* wiederzuerkennen, so stoßen wir auf eine neue Schwierigkeit. Sie wird durch die „*Diagenese*“ geschaffen. Mit diesem Worte bezeichnet man Vorgänge, die den Bodensatz mit allen seinen Einschlüssen *verändern*, seine Struktur und Zusammensetzung umwandeln und seine ursprüngliche Natur vollkommen verdecken können.

Die Gesteine des Festlandes sehen anders aus als die losen, wasserdurchtränkten Absätze auf dem Meeresgrunde, auch wenn sie durch ihre Einschlüsse an Tierresten die gleiche Herkunft erkennen lassen. Sie sind umgewandelt. Umwandlungsvorgänge ruhen auf dem Festland und im Wasser keinen Augenblick; sie geben den Bestandteilen ihre Form und schichten sie übereinander, aber sie verändern sie auch noch im Verband, mögen sie noch auf offenem Meeresboden liegen oder längst von neuen Schichten überlagert sein, mögen sie noch vom Meere bedeckt oder ihm bereits entrückt sein. Ein junges, eben entstandenes Schichtgestein, ein loser Sand oder Schlick oder was es auch sei, wandelt sich mit der Zeit — und diese normalen Vorgänge des „Alterns“ bezeichnet man als *Diagenese*. Sie sind physikalischer oder chemischer

Natur und mehr oder minder zwangsläufig; dadurch unterscheiden sie sich von anderen Umwandlungen, die durch vulkanische oder gebirgsbildende Kräfte, kurz: durch Ereignisse besonderer, mehr oder minder zufälliger Art, bewirkt werden und deren Wirkungen man unter dem Namen Metamorphose abtrennt.

Die einfachste, oft die einzige Veränderung toniger oder sandiger Absätze ist *das Verschwinden des Wassers* zwischen den Einzelteilchen des Absatzes durch Austrocknung oder Auspressung. Zahlreiche Tone und Sande auf dem Festlande, im allgemeinen solche jüngerer Erdzeiten, lassen nur diese Veränderung erkennen, die mit einer oft bedeutenden Abnahme der Dicke der Schicht, ihrer „Mächtigkeit", verbunden ist. Unter dem Druck sehr mächtiger neuer Ablagerungen oder bei gebirgsbildenden Prozessen (die aber schon nicht mehr zur Diagenese gehören) nimmt die Dicke eines Gesteins weiter ab, und seine Festigkeit und Dichte erhöht sich. Festigkeit eines Gesteins hat also nichts mit seinem Alter zu tun, obwohl die meisten alten Gesteine fester sind als junge, weil mit der Zeitdauer des Bestehens die Wahrscheinlichkeit der Beeinflussung wächst. Die meisten Meeresabsätze brauchen zur Verfestigung allerdings *verkittende Lösungen.* Kalziumkarbonatlösungen sind am verbreitetsten, aber auch Eisenverbindungen verschiedener Art und Kieselsäure kommen oft vor. Dabei liefern manchmal Teile des Bodensatzes selbst, z. B. eingebettete Kalk- und besonders Aragonitschalen von Pflanzen und Tieren, die aufgelöst und später wieder abgesetzt werden, den Kitt für die eigene Schicht oder für darunterliegende. Häufig kommen auch komplizierte Umsetzungen mit Lösungen im lockeren Absatz oder im Meerwasser vor, z. B. solche, die von der Zersetzung organischer Substanzen herrühren. Nicht selten werden nur *Teile* eines Gesteins verfestigt, indem ein Bindemittel nur örtlich vorhanden ist, und hierbei spielen oft eingeschlossene tierische Reste als Sammelpunkte eine große Rolle. Konkretionen und Feuersteinknollen sind so entstanden, ebenso örtlich verfestigte Kalksandsteinbänke in losem Sande u. a. m. Die Verkittungsvorgänge sind im allgemeinen nicht sehr gut bekannt, weil sie sich oft schon auf dem Meeresgrunde, fast immer aber unter der Decke jüngerer Ablagerungen vollziehen. Sie erschweren die Wiedererkennung gleichzeitig entstandener Schichten, die sich schon durch die Verschiedenheit ihrer „Fazies" unterscheiden, durch die Mannigfaltigkeit der verkittenden Lösungen und sonstigen örtlich wechselnden Bedingungen.

Auch der *Versteinerungsprozeß* ist eine Diagenese. Auf der einen Seite wird fortgenommen, auf der anderen zugefügt; Kalziumkarbonat, namentlich in der Form des Aragonits, wird gelöst und fortgeführt, ebenso Kieselsäure, und die im verfestigten Gestein entstandenen Hohlräume bleiben offen oder werden durch fremde Mineralverbindungen gefüllt. Oder die Substanz einer Schale wird durch langsame Umsetzungen, Molekül für Molekül, verändert. So kann eine Kalkschale im verfestigten Gestein gelöst werden und einen Hohlraum zurücklassen; während der fortgeführte Kalk vielleicht an anderen Orten lose Gesteinskörnchen verkittet, kann z. B. Kieselsäure in den Hohlraum eindringen und eine „Kieselschale" vortäuschen, kann nochmals gelöst und durch neue Substanzen, vielleicht auch wieder durch Kalziumkarbonat, ersetzt werden usw.

Der gegenwärtige Zustand eines Gesteins und seiner Einschlüsse ist das Ergebnis mannigfaltiger Veränderungen, die es oft stark erschweren, die ursprüngliche Zusammensetzung wiederzuerkennen. Manche dieser Veränderungen gehen sehr frühzeitig, oft schon unmittelbar nach der Ablagerung im Meere, vor sich. Korallenriffkalk z. B., der aus den aragonitischen Gerüsten der Korallen u. a. m. besteht, kristallisiert sehr rasch in Kalkspat um und nimmt dabei aus dem warmen Meerwasser Magnesia auf; es entsteht Dolomit (Kalzium-Magnesium-Karbonat), gleichzeitig aber geht oft die ganze Struktur verloren, so daß ein so gut wie ganz aus Organismen bestehender Kalk sich in einen strukturlosen kristallinen Dolomit verwandelt! Die Ergebnisse derartiger Verwandlungen kann man nur erkennen, wenn man sie in der Gegenwart Schritt für Schritt verfolgt. Hier liegt eine Hauptaufgabe von Forschungsstationen am Meer. Die obengenannte

Forschungsstelle „Senckenberg am Meer“ in Wilhelmshaven hat begonnen, die Vorgänge in den sandig-tonigen Ablagerungen der Nordsee zu studieren, aber es ist von der größten Bedeutung, daß andere Stationen, vor allem zunächst in den Tropen, entstehen, wo mehr *kalkige* Sedimente sich bilden, deren Entstehung für die Ablagerungen mancher erdgeschichtlicher Meere Klarheit schaffen kann.

## 7. Meeresgesteine.

Versuchen wir nun die Gesteine zu verstehen, aus denen unsere Festländer aufgebaut sind (es handelt sich für uns natürlich nur um die *Schicht- oder Absatzgesteine* [Sedimente], denn die Erstarrungsgesteine, die flüssig aus dem Erdinneren empordringen und durch Abkühlung fest werden, können auf dem Festlande wie im Meere jederzeit entstehen), so unterscheiden wir zunächst, ehe wir gelernt haben, festländische und Meeresgesteine zu unterscheiden, *mechanisch, chemisch und organisch entstandene Gesteine.* Mechanische Gesteine werden durch transportierende Kräfte (Flüsse, Winde, Brandung, Meeresströmungen usw.) zusammengetragen, chemische aus Lösungen ausgeschieden, organische von Organismen gebaut.

*Mechanische Absätze* trennt man am besten nach der Korngröße in Gesteinsmehl, Sand und grobkörnige Sedimente. Bei *Gesteinsmehl* kann man die Einzelteile mit den Fingerspitzen nicht mehr unterscheiden; hierher gehören in losem Zustand Staub, Schlamm, Schlick, Ton, Mergel, Lehm; diagenetisch verfestigt Schieferton, Tonschiefer, Mergelschiefer. Alle sind Gemenge allerfeinster Mineralkörnchen verschiedenster Art, auch organischer Teilchen; Mergel ist kalkhaltig, Lehm durch Sand und Eisenverbindungen verunreinigt. Oft sind Gesteinsmehle durch parallel gelagerte größere Blättchen (Glimmer, organische Reste usw.) schichtig gebaut. Durch Druck werden feinkörnige Gesteine häufig später „geschiefert“, d. h. senkrecht zum Druck und unabhängig von Lagerung und Schichtung in dünne Platten gepreßt und leicht spaltbar (Dachschiefer). In *Sanden* kann man die einzelnen Körnchen als getrennte Körper fühlen. Quarz herrscht wegen seiner weiten Verbreitung und seiner Härte stark vor. Durch Verfestigung entsteht Sandstein, durch parallel gelagerte Mineralien (Glimmer) oder organische Reste Plattensandstein, durch beigemengten Feldspat „Arkose", durch Verunreinigung mit kleinen, meist abgerollten Stücken von Tonschiefer, Kieselschiefer und anderen Gesteinen Grauwacke. Sehr feste, durch Kieselsäure verkittete Sande und Sandsteine bezeichnet man als Quarzit. *Grobkörnige Sedimente* heißen Schutt, Kies, Schotter; zusammengebackene derartige Massen nennt man, wenn die Bestandteile scharfkantig sind, Bresche (= Breccie), wenn sie abgerundet sind, Konglomerat (= Nagelfluh).

Alle mechanischen Gesteine sind durch Übergänge miteinander verbunden. Sandige Tone, tonige Sande und andere Namen bezeichnen solche Übergänge, die auch als verfestigte Gesteine vorkommen. Sie gehen oft durch Wechsellagerung ineinander über, indem eine Schicht „auskeilt" und einer anderen Platz macht, oder eine Korngröße, ein bestimmter Bestandteil sich allmählich anreichert. Schon aus der Besprechung der Absätze auf dem Meeresgrund ging hervor, daß nirgends scharfe Grenzen zu ziehen sind. Die Grundstoffe können vom Zerfall jedes älteren, d. h. vorher bestehenden Gesteins geliefert werden, aber auch unmittelbar aus zerstäubter oder zertrümmerter Lava stammen, die die sog. Tuffe liefert. Da alle Schichtgesteine letzten Endes aus der Erstarrungskruste der Erde und aus nachträglich dem Erdinneren entquollenen Erstarrungsgesteinen bestehen, und diese Gesteine zu 93% aus 4 Mineralgruppen aufgebaut werden, so liefern diese vier auch das vorwiegende Material der Schichtgesteine. Die 93% bestehen aus 60 Teilen Feldspat, 17 Teilen Augit und Hornblende, 12 Teilen Quarz und 4 Teilen Glimmer. Feldspat und Glimmer verwittern oder zerfallen leicht; sie liefern im wesentlichen tonige Gesteine oder Gesteinsbestandteile. Quarz verwittert sehr schwer, aus ihm entstehen vorzugsweise die Sandsteine. Die Augit- und Hornblendegruppen mit ihren eisenreichen Mineralien zerfallen gleichfalls leicht und liefern die fast überall in Schichtgesteinen vorhandenen Beimengungen von Eisenverbindungen. Beim Zerfall eines Granits z. B., der aus Quarz, Feldspat und Glimmer besteht, liefern Feldspat und Glimmer die feinsten Bestandteile, Quarz die gröberen; bei Aufbereitung durch bewegtes Wasser sinkt zuerst der gröbere Quarzsand, dann erst der feinere, aus Feldspat und Glimmer entstandene Tonschlamm zu Boden. Je länger die Aufbereitung dauert, um so reinlicher wird die Scheidung sein. Der organische Anteil kann in mechanischen Gesteinen sehr groß werden; bei feinsten tonartigen Ablagerungen spricht man dann von „Mudd", bituminösen Tonen, Schiefern usw., bei Sanden und gröberen Ablagerungen von Muschelsand, Bruch-Schill und anderem. Zwischen diesen und den *organischen Gesteinen* besteht keine scharfe Grenze. Von den planktonischen Gesteinsbildnern kalkiger und kieseliger Art haben wir früher gehört; es genügt, die Namen Globigerinen-, Diatomeen-, Radiolarienschlick zu wiederholen. Zu den organischen Gesteinen gehören ferner die Korallenkalke (und die diagenetisch daraus entstandenen Dolomite) sowie viele andere Kalkgesteine, ja vielleicht alle Kalke überhaupt. Denn da das Meerwasser viel zuwenig Kalziumkarbonat enthält, als daß dies die ungeheuer verbreiteten, kalkigen Sedimente direkt geliefert haben könnte, so nimmt man an, daß sich alle dichten Kalke durch den Lebensprozeß von Organismen (vorwiegend Bakterien) bilden und gebildet haben. Auch dichte Kieselgesteine (Feuerstein, Hornstein) sind meist organischer Entstehung und vielleicht durch chemische Umsetzung von organisch gebildeten Kieselskeletten und -schalen entstanden. Endlich gehören zu den organischen Gesteinen die Kohlen, Erdöle und Erdgase, wobei die Mitwirkung von Pflanzen stark in Betracht kommt. Auch zwischen den organischen und *chemischen* Absätzen ist keine scharfe Grenze; denn chemische Umsetzungen im Lebensprozeß oder beim Zerfall der Tiere schaffen viele Gesteine. Physikalisch-chemische Prozesse fällen auch unter Mitwirkung von Organismen aus Lösungen bei der Verdunstung Salze aus: Steinsalz, Anhydrit und Gips, Kalisalze.

Ein Wort muß hier über den *Begriff der Schichtung* im Meere gesagt werden. Sie bedeutet eine Unterbrechung des

Abb. 30. Schichtung bei Solnhofen.

Abb. 31. Schichtung bei Schliersee, aus der ursprünglich waagerechten Lage später aufgerichtet. (Nach Dacqué.)

Absatzes (Abb. 30, 31) (mag das Material sich ändern oder nicht), die sich oft, manchmal in regelmäßigen Absätzen, wiederholen kann und über deren Wesen wir fast noch nichts wissen. Es handelt sich um ganz verschiedenartige Vorgänge, die zu ähnlich aussehendem Ergebnis führen können; die Gezeitenschichtung im Wattenmeer z. B., d. h. in den Ablagerungen der Schorre (Abb. 32), ist sicher etwas anderes als die an langen Röhrenprofilen im Globigerinenschlick der Tiefsee beobachtete Schichtung. Rasch verfestigte und lange beweglich bleibende, grobkörnige und sehr feine, den Gezeiten und Strömungen ausgesetzte und still zu Boden sinkende Absätze müssen sich verschieden verhalten. Auch „Scheinschichtung" mag erwähnt werden, wie sie z. B. durch lagenweise Anordnung diagenetisch entstandener Feuersteinknollen in der Kreide entstehen kann (Abb. 33). Jede echte Schichtfläche war einmal Meeresgrund; viele Erscheinungen, die wir heute auf dem Meeresgrund sehen, fallen uns auch im verfestigten Gestein auf, und viele problematische Erscheinungen der versteinerten Schichtflächen werden aus dem Studium des Meeresbodens noch erklärt werden können. Daraus geht die große Bedeutung der genauen Beobachtung aller bei Ebbe freigelegten Flächen hervor, mit ihren fortwährend wechselnden Spuren von anorganischen Vorgängen (Regentropfen, Rippelmarken, Trockenrissen u. dgl.) und Lebensspuren (Abb. 34) (Lauf-, Kriech-, Schleppspuren, Bohrlöchern und Mündungen der Bauten vergrabener Tiere) neben totem und lebendem Strandgut, das Wogen und Wind herantragen. Hier liegt ein weiteres wichtiges Arbeitsfeld von Stationen für Meeresgeologie. Manche kalkigen Gesteine erhärten offenbar sehr frühzeitig; dann können Gerölle, die aus Bruchstücken dieser Schicht entstanden sind, schon unmittelbar über ihrer Deckfläche liegen, und festwachsende Muscheln und andere Tiere des sessilen Benthos können sich darauf sofort ansiedeln. Es können auch merkwürdige Ätzerscheinungen an ihnen auftreten; z. B. können Kalkschalen, die nahe der Oberfläche eingebettet liegen, mit der ganzen Schichtfläche einseitig abgeätzt werden. Hier liegen noch sehr viele Fragen vor, deren Beantwortung uns die Entstehung der Schicht-

Abb. 32. Schichtung im Wattenmeer vor Wilhelmshaven, bei Niedrigwasser. (Phot. Dr. A. Schwarz. Bildarchiv Senckenberg L 1132.)

Abb. 33. „Schichtung" in der Normandie. (Nach Dacqué.)

gesteine besser erklären und damit viele Einzelheiten aus der Geschichte der Meere klarer zeigen wird.

*Gibt es Gesteine, die nur im Meer entstanden sein können und uns daher sofort den Beweis für das frühere Vorhanden-*

*sein eines Meeres liefern?* Radiolarienschlick, Globigerinenschlick, Korallenschlick sind einwandfreie Meeresgesteine. Sie sind am organischen Inhalt zu erkennen. Anorganische Gesteine aber, wie wir sie aus dem Meere kennengelernt haben, entstehen vielfach auch an anderen Orten. Es gibt Sandsteine, deren Herkunft trotz jahrelanger Arbeit noch nicht sicher ist — sie können in Wüstengebieten, wie in Binnenseen oder im Meere entstanden sein —, und das oft gänzliche Fehlen von Versteinerungen kann ebensogut darauf beruhen, daß es keine Schaltiere gab oder daß bei der Ablagerung des Sandes keine Schalen eingebettet wurden, wie darauf, daß sie nachträglich vor der Verfestigung wieder ausgelaugt wurden und keine Spuren hinterließen. *Gesteine ohne Versteinerungen — und diese wiegen vor — genügen meist nicht zur sicheren Erkennung ihres Entstehungsraumes.* Sobald wir dagegen *Versteinerungen* finden (Ausdauer lohnt oft, trotz anfänglicher Mißerfolge!), wächst die Aussicht, eine sichere Antwort zu finden. Wir wissen, daß Korallen und andere Tiere *nur* im Meere leben; wir nehmen an (und die Wahrscheinlichkeit spricht dafür), daß es allezeit so war, und schließen daraus, daß Gesteine, die Reste dieser Tiergruppen einschließen, im Meere abgelagert wurden. Ferner gibt es viele Muscheln, Schnecken und andere Tiere, die, obwohl sie Verwandte im Süßwasser haben, doch durch ihre Form oder durch ihr Zusammenvorkommen mit sicheren Meeresbewohnern als Bewohner der ehemaligen Meere gelten müssen. Daß die Zweifel mit der Seltenheit typischer Meerestiere wachsen, ist natürlich; sie wachsen ferner, je weiter wir uns von der Gegenwart, rückwärts blickend, in frühere Zeiten der Erdgeschichte wagen. Darüber wird noch zu sprechen sein. Vorher sei auf ein Mittel verwiesen, das manchmal zur Einordnung zweifelhafter Gesteine ohne Versteinerungen hilft. Wir haben von der *Fazies* gehört — als Faziesbildungen der heutigen Meere gelten *alle* Ablagerungen, die auf dem Meeresgrunde entstehen, von der Geröllanhäufung der Steilküste bis zum roten Tiefseeton. Sie sind miteinander verbunden, denn sie entstehen nebeneinander in der gleichen Zeit. Ein Sand ohne Muschelschalen kann, durch tonige Sande und sandige Tone

Abb. 34. Sternförmige Fährten heute und einst. (Aus Rud. Richter.) Oben: Im Schlickwatt der Nordsee, unten: In ordovizischem Sandstein in Böhmen.

verbunden, neben einem Ton liegen, der reichlich Schalen enthält — sie entstanden im gleichen Bildungsraum. Wir werden den fossilfreien (und deshalb seinem Ursprung nach zweifelhaften) Sand oder den daraus entstandenen Sandstein durch Studium der anderen, zur gleichen Zeit entstandenen Faziesbildungen in manchen Fällen als Meeresablagerung erkennen, wenn wir die Übergänge finden, sofern sie noch vorhanden und erkennbar sind.

## 8. Umprägung und Vernichtung von Meeresgesteinen.

Damit kommen wir zur *Besprechung zweier gewaltiger Vernichtungsprozesse,* deren Quelle bei dem einen im Erdinnern, bei dem anderen im Sonnensystem liegt. Der erste vernichtet die *Kennzeichen* unserer Beweismittel, der Schichtgesteine und der Versteinerungen, der zweite *zerstört* sie überhaupt. Diese beiden Kräfte sind die *Metamorphose* (Umprägung) der Gesteine und die *Erosion.*

Schon die Zusammenpressung, die wir als Teilkraft der Diagenese kennenlernten und die mit der Mächtigkeit des Gesteins seine Dichte und seine Struktur änderte, preßt auch die organischen Einschlüsse mehr oder minder stark zusammen, sodaß ihre Kenntlichkeit leidet. Kommen nun zu den senkrecht wirkenden Druckkräften noch seitliche, oft von gewaltiger Kraft, so werden nachgiebige, tonige Gesteine geschiefert und ihre Versteinerungen verzerrt bis zur Unkenntlichkeit (Abb. 35), bereits verfestigte Gesteine, wie Kieselschiefer und manche Kalke, zerklüftet und zerdrückt, und mit ihnen natürlich auch die eingeschlossenen Tier- und Pflanzenreste. Glühende Laven, die aus dem Erdinnern durchbrechen, können Ton zu hartem Fels brennen, losen Sand zu säulig gesondertem Sandstein umschmelzen, Braunkohle in Anthrazit verwandeln. Noch weit tiefer gehende Umwandlungen bringen gewaltige, glühende Gesteinsmassen hervor, die sich, aus dem Erdinnern kommend, zwischen die Schichtgesteine der Erdkruste eindrängen und als mächtige Lager, Kuppeln oder Stöcke unterirdisch erstarren. Hier werden die Schichtgesteine, vor allem durch die überhitzten Dämpfe, die nicht rasch entweichen können und ihre ganze Nachbarschaft langsam durchtränken, zu kristallinen Bildungen umgewandelt (Abb. 36). Ihre Bestandteile, ihre Struktur ändern sich von Grund auf, am stärksten in der Nähe der umbildenden, sehr langsam abkühlenden und erstarrenden Masse. Auch der ungeheure gebirgsbildende Druck allein vermag vollkommen andere Gesteine aus normalen Schichtgesteinen entstehen zu lassen, und ebenso tiefgründige Umwandlungen treten ein, wenn Schichtgesteine bei Bewegungsvorgängen der Erdkruste so tief versenkt werden, daß sie unter die Herrschaft der hohen Wärmegrade im Erdinnern geraten und durch Tausende von Metern neuer Schichtgesteine belastet werden. Hier werden selbst harte Gesteine, die nahe der Erdoberfläche bei

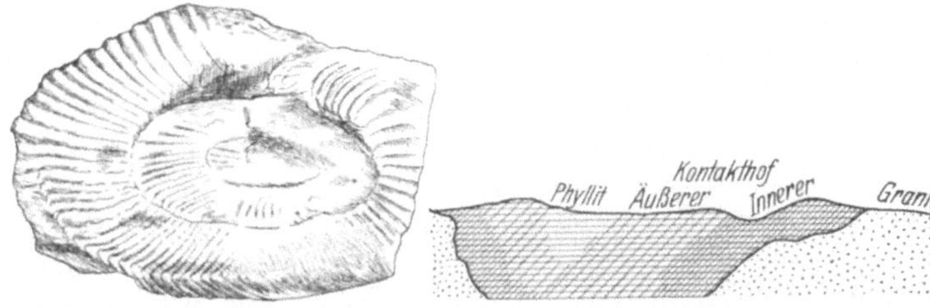


Abb. 35. Verdrückte und verzerrte Versteinerung (Ammonit). (Normale Form vgl. Abb. 26 g.)

Abb. 36. Kontakthof. Granit, rechts und links, hat Schichtgesteine umgewandelt. (Nach Wagner.)

Bewegungen der Erdrinde zerbrechen würden, biegsam und knetbar. Die verschiedenen Arten der Metamorphose, die man unterschieden hat, die aber praktisch nicht in jedem Einzelfall zu trennen sind, sind für uns weniger von Bedeutung als die Tatsache, daß sie eine Fülle durchgreifender Verwandlungen der Schichtgesteine mit sich bringen, so daß wir ihr früheres Gepräge weder durch das Mikroskop noch durch chemische Analyse feststellen können. Viele Gesteine z. B., die man als *kristalline Schiefer* bezeichnet und deren abnehmende Kristallinität etwa durch die Bezeichnungen Gneis, Glimmerschiefer, Phyllit getroffen wird, waren einmal typische tonreiche Meeresabsätze, zuckerkörnige vollkristalline Marmore waren einmal Kalksteine, viele Graphite waren Kohle, und so lassen sich noch manche Beispiele bringen. Von den Versteinerungen bleibt in solchen Fällen nichts Erkennbares übrig, und damit scheidet ein Gestein mit seinen Einschlüssen als Beweis für ein früheres Meer aus. Auch hier gelingt es zäher, zielbewußter Arbeit manchmal, die frühere Natur eines Gesteins, ja sogar die eingeschlossenen Reste früheren Lebens wenigstens annähernd wiederzuerkennen, wenn man die umgewandelten Gesteine von dem zerstörenden Herd aus verfolgt und sich durch die allmählich abnehmende Kristallinität bis zur früheren Natur des Gesteins durcharbeitet. Unter ganz besonders glücklichen Umständen kann man auf diesem Wege über die ersten schattenhaften und unkenntlichen Spuren eingeschlossener Versteinerungen Schritt für Schritt zu kenntlichen Resten vordringen; dabei lernt man, daß die Schwierigkeiten des Paläontologen vergleichbar, aber weit größer sind als die des Historikers, der alte, vergilbte Dokumente entziffert, oder des Archäologen, der Topfscherben zum Gefäß ergänzt.

Hat die Metamorphose unser Material oft gewandelt und uns in unkenntlichem Zustand zurückgelassen, so baut die *Erosion* es überhaupt ab und läßt es zum größten Teil wieder im Meere verschwinden. Unter Erosion versteht man die nagende Kraft des fließenden Wassers. Frischen Gesteinen vermag sie nur wenig anzuhaben; aber die *Verwitterung* arbeitet ihr vor. Sie lockert durch den Wechsel von Frost und Hitze, durch Pflanzenwurzeln, durch die chemischen Kräfte des Sauerstoffs der Luft und des eindringenden Regens, der Kohlensäure aus der Luft mitbringt, und viele andere, verwickelte, physikalische und chemische Vorgänge das festeste Gestein, der Regen spült die Zerstörungsprodukte zu Tal, und Bach und Fluß nehmen sie mit. Wir brauchen hier nur auf das Grundsätzliche des Vorgangs hinzuweisen, dem die Erde ihre Fruchtbarkeit, der Wind seinen Staub, die Berge ihren Schuttmantel, der Bach sein Geröll und das Meer seinen Schlamm verdankt. Wenn man sich den Vorgang durch Jahrtausende und Jahrmillionen fortgesetzt denkt, so müßten längst alle Unebenheiten abgetragen sein, so daß praktisch kein Transport und keine Erosion mehr stattfände. Aber die Erdrinde ist nie ruhig; Hebungen, Gebirgsbildungen und andere Veränderungen schaffen stets neue Ansatzstellen für Verwitterung und Erosion, und unaufhörlich werden gewaltige Massen zerfallener Gesteine ins Meer getragen, wo sie neue Gesteine aufbauen. Der Kreislauf hat während der ganzen Erdgeschichte stattgefunden, und mancher Teil der ersten Erstarrungskruste der Erde mag verschiedene Male und zu verschiedenen Zeiten zu einem Schichtgestein verwendet worden sein.

Einen annähernden Begriff der Mengen, die ein Fluß zu transportieren vermag, geben ein paar Zahlen: der Rhein transportiert jährlich $1^3/_4$ Millionen cbm, die Donau aber $35^1/_2$ Millionen und der Hoangho gar über 470 Millionen cbm! Man hat berechnet, daß Mitteleuropa jährlich 11,11 Millionen cbm Gestein verliert; das bedeutet, wenn der Boden ruhig bleibt, eine unmerkliche Erniedrigung um nur 0,3 mm jährlich, die sich aber in 33000 Jahren schon zu einem Meter summieren. „Es bleibt unentschieden, ob wir sagen wollen: die Verwitterung und Erosion ist ein Vorgang, der mit staunenerregender Schnelligkeit an der Umformung der Gebirge arbeitet oder: sie ist ein Vorgang, der fast unmerklich arbeitet. Beides ist wahr — den ersten Eindruck erlangen wir bei der Betrachtung des Schutt-Transportes durch die Ströme, den letzteren beim Anblick der viel gewaltigeren Masse der Gebirge."

Zum fließenden Wasser kommt der Wind, der besonders in Wüstengebieten gelockerte Gesteinsteile ausnagt und forttransportiert. Die Wirkung der Meeresbrandung haben wir wiederholt gestreift; sie greift ununterbrochen an und kann bei sinkendem Lande ganze Gebirgssysteme vernichten.

Rechnen wir mit den unermeßlichen Zeiten der Erdgeschichte, so verschwinden Gebirge und Tafelländer — und mit ihnen verschwinden unsere Beweise, die Gesteine und Versteinerungen. So müssen wir manchmal lange nach den letzten Spuren abgetragener Schichtgesteine suchen. Ein Beispiel: Aus der Jurazeit (über die Einteilung der Erdgeschichte handelt ein besonderes Kapitel) kennen wir Meeresablagerungen aus Süddeutschland, zwischen Schwarzwald und Bayrischem Wald, und wir kennen solche aus Frankreich, westlich der Vogesen. Sind diese von zwei getrennten Meeren abgelagert worden oder von einem einheitlichen Meer? Bevor wir die Antwort auf diese Frage kennen, können wir keine Verbreitungskarte der alten Meere zeichnen. Wir wissen heute, daß das Meer *einheitlich* war, daß also Schwarzwald und Vogesen damals *nicht* als trennende Gebirge emporragten (obwohl sie lange vor dieser Zeit als Teil eines viel größeren Gebirges entstanden waren) und daß noch viel weniger zwischen beiden die breite Senke des Rheintals (Abb. 37) lag. Beweis: Im Kraichgau, bei Freiburg i. Br., linksrheinisch im Sundgau und an anderen Orten finden wir teils in der Tiefe des Rheintals, teils auf seinen randlichen

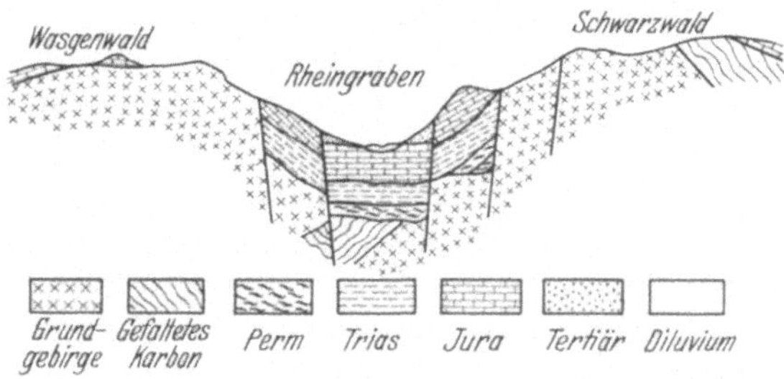


Abb. 37. Profil durch den Rheintalgraben. Beachte besonders die Juraschichten im Osten, Westen und, abgesunken, im Rheingraben. (Nach Wagner.)

Hügeln die gleichen Meeresschichten aus der Jurazeit, die östlich vom Schwarzwald, westlich vom Wasgenwald vorhanden sind, mit den gleichen Versteinerungen. An diesen Stellen waren sie in die Tiefe versunken, als östlich und westlich in ihrer Nachbarschaft eine Schicht nach der anderen abgetragen wurde und verschwand. So blieben sie geschützt und kamen erst viel später wieder zutage, als die Juraschichten, die früher die ganze Gegend des heutigen Schwarzwaldes und der heutigen Vogesen bedeckten, längst bis auf den letzten Rest zerstört waren. Auch die Gegend des heutigen Odenwaldes war vom Jurameere bedeckt: der Katzenbuckel war einst ein Vulkan, und als die vulkanischen Kräfte aus der Tiefe hervorbrachen, durchschlugen sie explosionsartig alle Schichten, die darüber lagen. Die Brocken fielen meist auf das umgebende Land; ein Teil aber stürzte senkrecht in den Explosionstrichter zurück. Hier lagen sie geschützt, und während in weitem Umkreis nach und nach alles abgetragen wurde, blieben die Brocken in der Tiefe geschützt liegen. Erst jetzt, nach Millionen von Jahren, da die Abtragung bis zum Kraterboden vorgedrungen ist, kommen sie zutage — und darunter befinden sich gelegentlich Gesteine und sogar Versteinerungen aus dem Jurameer! Also lagen damals, als der Vulkanausbruch seinen Weg bahnte, dort noch Ablagerungen aus dem Jurameer, die seither verschwunden sind. Auch im Norden, am Harzrand, finden sich Schichten des Jurameeres, und auch sie stammen aus dem gleichen Meere wie die süddeutschen Ablagerungen. Denn bei Lauterbach am Vogelsberg, bei Eichenberg unweit Göttingen, in Kassel und an anderen Stellen sind in schmalen tiefen Einbruchsgräben Reste der früher überall vorhandenen, mittlerweile aber wieder abgetragenen Schichten aus dem Jurameer mit den beweisenden Versteinerungen gefunden worden.

In diesem Falle ist die Feststellung verhältnismäßig einfach. Die Schichten der Jurazeit liegen in Mitteleuropa meist noch so, wie das Meer sie ablagerte: waagerecht und ungefaltet, wie die Blätter eines Buches in ihrer Altersfolge übereinander, an den meisten Orten voll Versteinerungen, mannigfach in der Gesteinsausbildung — kurz, eine Freude für den Sammler und Forscher. Trotzdem bleiben auch hier natürlich noch viele Fragen zu klären, z. B. welche Wandlungen das Jurameer, das Hunderttausende von Jahren bestand, durchmachte, ob und wann es seine Ufer verlegte, benachbarte Gebiete überflutete usw.

Viel schwieriger sind aber *stark gefaltete* Ablagerungen früherer Meere in ihren Zusammenhängen zu erklären, besonders wenn noch vulkanische Ereignisse störend eingriffen, die Metamorphose manches Gestein umgeprägt hat und, wegen der größeren Länge der seither verflossenen Zeit, viel größere Massen von Ablagerungen wieder abgetragen oder von jüngeren Schichten zugedeckt worden sind. In Gebieten, wie in der Norddeutschen Tiefebene, wo alle voreiszeitlichen Gesteine bis auf kleine Reste unter dem mächtigen Schutt des Inlandeises der Diluvialzeit vergraben liegen, ist jede Bohrung von großer Bedeutung; das gleiche gilt überall, wo jüngere Gesteine ältere Meeresablagerungen zudecken und Bergwerk oder Bohrung manche Unsicherheit beseitigen können. Besonders in verwickelten Fällen ist jeder Einzelfund von Bedeutung, und gerade zur Lösung dieser Fragen kann die *Heimatforschung* viel beitragen, die jede Bodenveränderung, Grabung, Bohrung u. dgl. genau beaufsichtigen und alle Funde sicherstellen kann.

## 9. Die zeitliche Folge der Gesteine und Versteinerungen.

Nun müssen wir noch ein letztes, sehr großes Forschungsgebiet zu Hilfe rufen, ohne das wir den heutigen Stand unserer Kenntnis der vorzeitlichen Meere nicht kennenlernen und an neuen Ergänzungen unseres Wissens nicht mitarbeiten können. Das ist die *Erdgeschichte oder Stratigraphie.* Bisher können wir zwar manchmal ein Gestein auf Grund seiner Versteinerungen als Absatz eines früheren Meeres erkennen, aber wir wissen noch nicht, *in welcher Zeit* dies Meer bestand. Wir stehen ja heute nicht mehr auf dem Boden der Sintflutsage, die alles, was *vor* der „großen Vernichtung" bestand, einheitlich als „vorzeitlich" betrachtet, sondern wir wissen, daß das bißchen Menschengeschichte nur die letzte Sekunde eines unermeßlichen Zeitablaufs ist, den wir (wie die Menschengeschichte) in Abschnitte einteilen müssen, um ihn einigermaßen übersehen zu können. *Absolute* Zahlen haben heute noch keine große Bedeutung; wir wissen zwar, daß seit der letzten Eiszeit im Ostseegebiet rund 10 000 Jahre verflossen sind; wir wissen auch (hauptsächlich durch die Feststellung der physikalischen Chemie, daß die Uran- und Thormineralien durch radioaktive Abbauprozesse zu Uran- und Thorblei zerfallen und daß dieser genau meßbare Vorgang sich weder beschleunigen noch verlangsamen läßt), daß die ältesten bisher bekannten Schichtgesteine etwa vor $1^1/_2$ Milliarden Jahren abgelagert wurden und kennen noch andere ähnlich „genaue" Zahlen. Gegenüber geologischen Zeiträumen aber werden menschliche Zahlen wohl nie besondere Bedeutung gewinnen; sie müssen versagen, weil unser Vorstellungsvermögen versagt. Vielmehr teilen wir die Erdgeschichte nach anderen Gesichtspunkten ein, mit denen sich die Stratigraphie beschäftigt. Einmal hilft uns das Studium der *Lagerung der Schichtgesteine,* indem — ungestörte Lagerung vorausgesetzt — jede höherliegende Schicht jünger sein muß als die tiefere. Als zweites wichtigeres Hilfsmittel haben wir die *Versteinerungen.* Es hat sich nämlich durch langjährige Arbeit sehr vieler Forscher als sicher herausgestellt, daß das Gepräge der vielen urzeitlichen Faunen und Floren um so unähnlicher der heutigen Tier- und Pflanzenwelt ist, je weiter sie in der Vergangenheit zurückliegen, daß also mit der Annäherung an unsere Zeit Tiere und Pflanzen uns immer vertrauter werden. Ferner wissen wir, daß das allgemeine Bild, der „Habitus", der *Tier- und Pflanzenwelt in jeder Zeit der Erdgeschichte auf der ganzen Erde ähnlich* war, so daß man Funde aus fernen Landen mit besser bekannten und eingeordneten europäischen vergleichen kann, und endlich ist auch die *Reihenfolge der Faunen und Floren auf der ganzen Erde die gleiche.*

Liegen an einem Orte *Schichten* gleichförmig *(konkordant)* übereinander, so darf man (obwohl es Ausnahmen gibt) im allgemeinen annehmen, daß sie *ohne zeitliche Unterbrechung* nacheinander abgelagert wurden, auch wenn das Gestein sich ändert. Bei ungleichförmiger Überlagerung (man spricht von einer *Diskordanz*) muß eine *Pause im Sedimentabsatz* stattgefunden haben. Die Pause kann kurz oder lang gewesen sein; das Fehlen der Schichten kann „natürlich" sein (d. h. die fehlenden Schichten wurden an dieser Stelle gar nicht abgelagert) oder nachträglich, noch unter dem Meeresspiegel durch Strömungen oder nach der Landwerdung durch die Erosion des fließenden Wassers hervorgerufen worden sein. Gelegentlich geben Reste, die der Vernichtung entgangen sind, darüber einigen Aufschluß. Oft ist eine Diskordanz mit einer *Transgression* verbunden (Abb. 38, 39): das Meer eroberte Festland, und auf dem neugewonnenen Boden entstanden neue Ablagerungen, die sich oft über Gesteinen der verschiedensten Altersstufen und Lagerungsverhältnisse ausbreiten. Zeitliche Festlegung der Entstehung eines Gesteins ist im allgemeinen nur dann möglich, wenn sich Versteinerungen finden; sowenig ein anorganisches Sediment (Sandstein, Ton usw.) sicheres über seinen Bildungs*raum* aussagt, sowenig kann man an ihm die Bildungs*zeit* ablesen. Auch hohe oder geringe Grade diagenetischer oder metamorpher Veränderung bedeuten kein Zeitmerkmal.

*Versteinerungen*, die in besonders hohem Maße zur Alters-

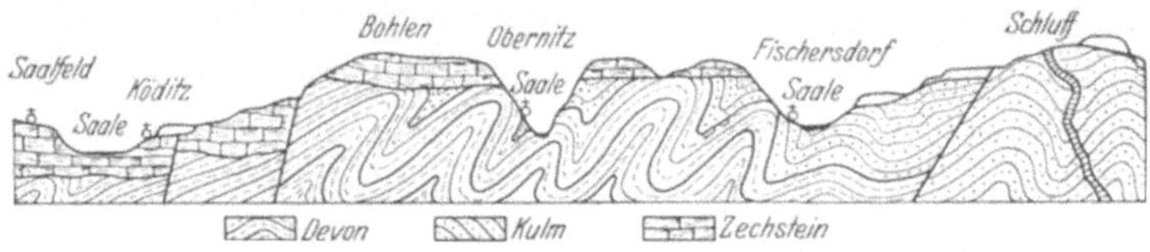


Abb. 38. Diskordanz des Zechsteins am Bohlen bei Saalfeld. Oben: Skizze der Bohlen-Wand. Unten: Schnitt (Profil) durch die ältere, gefalteten und die jüngeren, ungefalteten Schichten. (Nach Joh. Walther.)

bestimmung der Schichtgesteine geeignet sind, nennt man *Leitfossilien*. Die wichtigsten Eigenschaften eines guten erdgeschichtlichen Leitfossils sind: 1. Weite Verbreitung und Unabhängigkeit von der „Fazies" (von der Beschaffenheit des Untergrundes, der Temperatur, Tiefe, Klarheit, chemischen Beschaffenheit des Wassers usw.); 2. leichte Erkennbarkeit, ausreichende Größe und Häufigkeit; 3. geringe Veränderlichkeit; 4. kurze Lebensdauer der Art, d. h. ihr Beschränktsein auf eine oder möglichst wenige Schichten. Die *Begründung* dieser Eigenschaften ist schwerer als ihre Feststellung, und gerade die kurze Lebensdauer sehr vieler Leitfossilien, d. h. ihr ausschließliches und massenhaftes Vorkommen in *einer* Schicht, das in der nächsten durch ein ebensolches einer *anderen* Form abgelöst wird (vgl. das bei den Kopffüßern

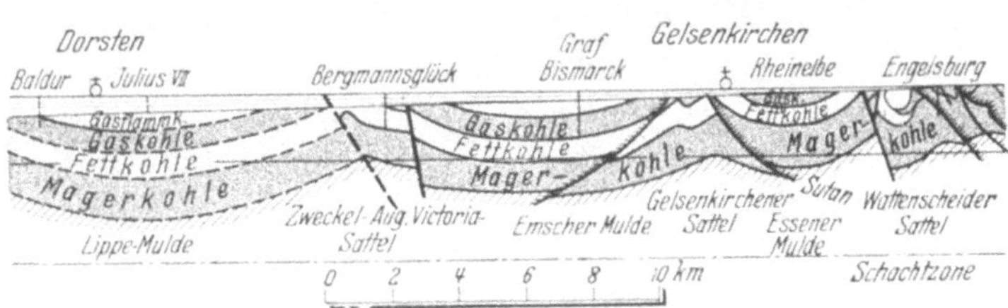


Abb. 39. Diskordanz des transgredierenden Meeres der oberen Kreide. Oben: Obere Kreide auf Syenit im Plauen'schen Grunde bei Dresden, Teilaufnahme. Unten: Obere Kreide auf Steinkohlen des Karbon in Westfalen. (Nach Kayser.)

bei Besprechung der devonischen Meere Gesagte), ist durchaus rätselhaft.

Am meisten verbreitet und relativ unabhängig von der Beschaffenheit des Untergrundes sind *Planktonpflanzen und*

-*tiere.* Sie sind zwar meist empfindlich gegen wechselnde physikalische und chemische Eigenschaften des Meerwassers, aber für den Stratigraphen, den Erforscher der Geschichte der Erde, ist es gleichgültig, ob seine Leitfossilien *im Leben* empfindlich gegen Eigenschaften des Meerwassers waren, wenn ihre Reste nur *nach dem Tode überall* in Mengen auf dem Meeresboden liegen, mag er von Küstensand oder Tiefseeschlamm, Korallenkalkschlick, Vulkanasche oder Wüstenstaub bedeckt sein. Seine Arbeitsrichtung und sein Gedankengang sind verschieden von denen des Erforschers der Verbreitung und der Eigenschaften früherer Meere, wenn sich auch die Wege beider treffen und erst in der Vereinigung ein wirkliches Bild geben. Planktonpflanzen und -tiere sind aber meist winzig klein, soweit sie überhaupt erhaltungsfähige Hartteile besitzen (wir denken an Diatomeen, Globigerinen und Radiolarien), und scheinen nach allem, was wir davon wissen, nahezu ohne Veränderungen die ungeheuren Zeiträume der Erdgeschichte durchlaufen zu haben. So hat denn keine planktonisch lebende Tier- oder Pflanzengruppe gute stratigraphische Leitfossilien geliefert, wenn man nicht einen Teil der Graptolithen (S. 142) hierher rechnen will. Von ihnen wird bei der Besprechung der Meere des Erdaltertums (vgl. die Tabelle S. 100) noch die Rede sein.

Auch unter den *Nektontieren,* den aktiven Schwimmern, befinden sich, trotz ihrer Unabhängigkeit von der Fazies und ihrer oft weltweiten Verbreitung, nur wenige Leitfossilien. Sie sind als Versteinerungen viel zu selten, wie alle Wirbeltiere des Meeres, werden außerdem durch den fast stets nach dem Tode eintretenden Zerfall des vielgliederigen Skeletts meist unkenntlich, und kommen nur in einigen wenigen, räumlich und zeitlich engbegrenzten Ablagerungen wirklich häufig vor. Ähnliches trifft auch für nektonisch lebende Krebse zu. So bleiben die *Benthostiere* übrig, die eigentlich alle Leitfossilien stellen, und zwar besonders *vagiler* Benthos, also jene beweglichen, aber an den Boden und im allgemeinen auch an die Fazies gebundenen Meeresbewohner, deren weitaus überwiegende Mehrzahl allezeit in den durchsonnten, nahrungsreichen Küstenbezirken gelebt hat. Manche

Gruppen *sessiler* Benthostiere (Pflanzen kommen schon wegen ihrer Vergänglichkeit kaum in Frage) sind zwar als Charaktertiere für bestimmte große Zeitabschnitte von Bedeutung, z. B. die tabulaten und rugosen Korallen sowie die meisten Cystoiden unter den Stachelhäutern für das Erdaltertum, die Rudisten unter den Muscheln für die obere Kreide (näheres in den betreffenden Abschnitten); da aber die Formbeständigkeit (und damit die leichte Erkennbarkeit) der Tiere mit der Abnahme ihrer Beweglichkeit abnimmt, festgewachsene Tiere also am veränderlichsten sind, so kommen sie als eigentliche, leicht kenntliche Leitfossilien, besonders für kurze Zeiteinheiten, weniger in Frage.

Die besten stratigraphischen Leitfossilien stammen daher aus den gleichen Tiergemeinschaften wie die sichersten Faziesversteinerungen, ja Faunenwechsel fällt sehr oft mit Fazieswechsel zusammen. Dieser Zusammenhang bedeutet eine Gefahr für den Forscher. Es hat sich nämlich herausgestellt, daß Tiere, die zu *verschiedenen* Zeiten unter den *gleichen* Umweltbedingungen gelebt haben, einander oft *ähnlicher* sind als Tiere, die zur *gleichen* Zeit in *verschiedenen* Umwelten lebten. Auch heute sind die verschiedenen Tiergemeinschaften, z. B. des Wattenschlicks, des Sandstrandes, der Steilküste, voneinander sehr verschieden — und so war es alle Zeit. Das Ringen um diese Erkenntnis hat der Forschung manchen Fehlweg gekostet! Denn wenn die Zusammenhänge zerrissen, die Ablagerungen diagenetisch verändert, die eingeschlossenen Reste wahllos zerstört oder ausgelesen sind und ihre Kenntlichkeit mehr oder minder gelitten hat, wenn hier ein dunkler Tonschiefer mit den Charaktertieren des Küstenschlamms, dort ein heller Sandstein und an dritter Stelle ein roter Kalk mit ihren Versteinerungen aus fremdartiger jüngerer Gesteinsbedeckung unzusammenhängend auftauchen, so können die früheren Entstehungsbedingungen nur schwer wieder erkannt werden.

Die Tatsache, daß fast nur die an begrenzte Räume gebundenen Benthostiere über große Teile der Erde die Leitfossilien stellen und ihrer Verbreitung (selbst im Larvenstadium, wie wir gehört haben) fast unüberwindliche

Hindernisse durch die Tiefsee gesetzt sind, zwingt zu dem Schluß, daß man sich entweder Zeiten vorstellen muß, in denen die weiten Tiefseegründe noch nicht vorhanden waren (mag es auch stellenweise sehr tiefe Gräben auf dem Meeresgrund gegeben haben) — oder daß es noch *einen weiteren Typus von Benthostieren* gegeben haben muß, der unabhängig von solchen Hindernissen war und auf den alle übrigen Eigenschaften zutreffen, die wir von einem stratigraphischen Leitfossil verlangten. Das ist in der Tat der Fall. Die gekammerten Schalen von Nautilus und Spirula (Abb. 29), den einzigen Cephalopoden der Gegenwart, die solche Schalen besitzen, steigen, wie wir schon hörten, nach dem Tode und der Verwesung der Tiere an die Oberfläche des Meeres und treiben nun, durch die in den Kammern eingeschlossene Luft (oder Gase) schwimmfähig erhalten, lange Zeit leer umher. „*Pseudoplankton*" (unechter Plankton) oder „*Nekroplankton*" (Todesplankton) nennt man derartige Vorkommen, die tote Schalen unabhängig von der Umwelt des lebenden Tieres, von der Fazies, macht. Nautilus scheint ein Bodenbewohner des Flachmeeres in einiger Tiefe zu sein, findet sich aber zur Ei-Ablage von Mai bis September auch in flachem Wasser ein, wo er gefangen und gegessen wird; Spirula gilt als Tiefseeschwimmer. Die Schalen beider Tiere treiben, weit über ihren Lebensbezirk hinaus, mit anderem Strandgut an den Küsten an, oft in großen Massen, und können natürlich auch zwischen Wohnort und Begräbnisplatz überall zu Boden sinken. So ist ihre Verbreitung praktisch unbegrenzt, und daß die Schalen sehr lange treiben, auch in Mengen vorhanden sein müssen, zeigt eine hübsche Beobachtung der deutschen Valdivia-Expedition: die Wohnkammer einer leeren, über 4000 m Meerestiefe treibenden Nautilusschale diente kleinen Fischen als schützender Wohnort, den sie bei Gefahr aufsuchten und in dem sie sich verbargen; die Fische waren schlechte Schwimmer mit verhältnismäßig kleiner Schwanzflosse. Die Schale selbst war mit Tangen und Hydrokorallen bewachsen, trieb aber trotz dieser Belastung. Versuche zeigten, daß Nautilusschalen monatelang, wahrscheinlich jahrelang schwimmen; das gleiche gilt wohl für Spirulaschälchen, die oft in wahren Strandsäumen an der ostafrikanischen Küste angetrieben werden. Die Unabhängigkeit solcher gekammerten Schalen gegenüber faziellen Bedingungen würde sie zu idealen Leitfossilien der Gegenwart machen, wenn sie auf die Gegenwart beschränkt wären. Nun ist aber gerade Nautilus sehr langlebig (er lebte mit Sicherheit schon in der Triaszeit) — und Spirula ist fossil überhaupt unbekannt! Dagegen gibt es eine ausgestorbene Gruppe von Cephalopoden oder Kopffüßern, die gekammerte Schalen besitzen und die durch ihre Häufigkeit, ihre leichte Kenntlichkeit, ihre Kurzlebigkeit und die Mannigfaltigkeit ihrer Schalenformen zu Leitfossilien wie geschaffen sind: das sind die *Ammoniten.* Man hat das Mittelalter der Erdgeschichte, das Mesozoikum, mit Recht das Ammonitenzeitalter genannt; aber sie spielen schon vom Devon an eine wichtige Rolle. Sie sind außerordentlich mannigfaltig gestaltet, und es ist sicher, daß so verschieden gestaltete Schalen auch auf verschiedene Lebensweise der (unbekannten) Tiere hindeuten. Manche Formen mögen nur geringe Verbreitung besessen haben, und oft mögen verwesende Kadaver beim Absatz neuer Schichten am Lebens- und Sterbeplatz der Tiere so rasch zugedeckt worden sein, daß die Schalen dort festgehalten wurden, also wie andere Bodenbewohner an die „Fazies" des lebenden Tieres, an seine Lebensgemeinschaft auch nach dem Tode gebunden blieben. Wenn aber z. B. die Gattung Manticoceras (Abb. 61) sich in roten und schwarzen Knollen- und Plattenkalken, Eisensteinen, hellen Korallenriffkalken, dolomitischen Mergeln, dunklen Mergelschiefern und Tuffen der älteren Oberdevonzeit gefunden hat[1], so ist das eine Unabhängigkeit von der Fazies, die kein lebender Bodenbewohner besitzt und die durchaus an das nekroplanktonische Vorkommen von Nautilus und Spirula erinnert. Da aber die Gattung gleichzeitig *nur* in Ablagerungen dieser Zeit sich findet, da sie leicht kenntlich und über die ganze Erde verbreitet ist, so ist sie ein ideales Leitfossil — und was für Manticoceras gilt, gilt für die meisten Ammo-

[1] Sie fehlt also, wie die meisten Ammoniten, eigentlich nur in grobkörnigen Sedimenten; das beruht aber wohl auf der Durchlässigkeit dieser Gesteine und der leichten Löslichkeit der Aragonitschalen der Ammoniten.

niten. Denn auch die über das Heimatgebiet der Triasgattung Ceratites hinaus zerstreut gefundenen, vereinzelten Schalen (vgl. die Karte Abb. 75), der Einzelfund eines karbonischen Goniatiten im Sandstein des Schwarzwaldes und manche andere Funde sind nur auf diese Art zu erklären (vgl. auch S. 112). So gelten von der devonischen bis zur Kreidezeit, also durch eine unermeßlich lange Zeitperiode, die Ammoniten fast allein zur Bestimmung und Benennung der Erdzeitalter.

*Vor* ihrer Zeit, im frühen Erdaltertum, dienen Krebse, die *Trilobiten*, als Leitfossilien, wenngleich sie stärker von der Fazies abhängig sind. Die genaue Altersstellung von küstennahen, sandigen Ablagerungen, in denen Schaltiere die Hauptrolle spielen, wird während des Altertums der Erdgeschichte besonders durch *Muschelwürmer oder Brachiopoden*, die außerordentlich mannigfaltig, z. T. auch kurzlebig und weit verbreitet sind, während des Mittelalters der Erdgeschichte vorwiegend durch *Muscheln* bezeichnet, die nach dem Rückgang der Brachiopoden mehr in den Vordergrund treten. Sie spielen auch während der Tertiärzeit, in der die Verteilung von Festland und Meer sich allmählich derjenigen der Gegenwart nähert, Meeresschichten auf dem Festland also immer seltener vorkommen, und bis zur Gegenwart die Hauptrolle. Vertreter anderer Tiergruppen haben mehr örtliche Bedeutung, obwohl diese z. T. recht groß ist.

Wenn Reste planktonischer Pflanzen und Tiere in den Ablagerungen aus der Vorzeit stark zurücktreten, so beweist schon diese Tatsache, daß wir *nur wenige Schichtgesteine aus der eigentlichen Tiefsee kennen*, die sich in der Gegenwart, soweit sie überhaupt organischen Inhalt bergen, fast ganz aus Resten planktonischen Lebens aufbauen. Auf den Kontinenten liegen vorwiegend *Flachmeer*ablagerungen, d. h. die Festländer sind seit der Ausbreitung des Lebens niemals zum eigentlichen Tiefseeboden geworden. Wir werden die Frage, ob in der Uranlage der Ozeane und Kontinente die heutige Verteilung von Meer und Festland oder doch die gewaltigen Tiefen der heutigen Tiefsee schon zu erkennen waren, d. h. die Frage der „*Permanenz der Ozeane*", später noch zu besprechen haben, müssen aber schon hier darauf hinweisen, daß die Möglichkeit durchaus besteht, daß *manche Tiere,* die wir als Beweise für das Wesen einer Ablagerung ansehen, *ihre Lebensweise geändert* haben, ja, daß die Forschung das als Tatsache annimmt. Im lichtlosen Stillwasser der heutigen Meerestiefen leben viele Tiere — besonders seien Seelilien, Muschelwürmer und Krebse genannt —, die in den Erdschichten stets mit *Flachmeer*tieren zusammen vorkommen. Und obwohl wir wissen, daß viele Tiefseetiere zu bestimmten Zeiten flacheres Wasser oder die Meeresoberfläche aufsuchen — nachts fängt man Tiefseeplankton an der Oberfläche, in der Paarungszeit kommen Tiefseebewohner in die Küstenregion herauf —, so kann das doch für *festgewachsene* Bodenbewohner nicht gelten. Sie müssen also ihre Lebensweise geändert haben. Was aber auch der Grund zur Besiedlung der kalten, nahrungsarmen und lichtlosen, also in jeder Beziehung unwirtlichen Tiefsee gewesen sein mag, der Paläontologe muß die Möglichkeit solcher Änderungen der Lebensweise in Rechnung stellen, wenn er den Entstehungsplatz einer Schicht zu ergründen sucht.

# Zweiter Teil.

## Die Geschichte der Meere.

### 1. Urgeschichte.

Die Geschichte der Erde beginnt mit ihrer Entstehung. Diese ist nur theoretisch zu erfassen, nämlich durch den Vergleich mit anderen Himmelskörpern. Man teilt die ersten Zeiten am besten in ein frühestes *Stern-Zeitalter,* in denen die Erde ein leuchtendes Gestirn war, und in ein nachher folgendes *anhydrisches* (wasserloses) *Zeitalter,* in dem die Erde sich mit einer Erstarrungskruste umgab und ihr Leuchtvermögen einbüßte. Beide Zeitalter waren wohl, auch mit geologischen Zeitbegriffen gemessen, unermeßlich lang. In das nächste, *azoische* (lebenslose) *Zeitalter* fällt die *Entstehung der Meere;* sie wird stattgefunden haben, als die Erdoberfläche durch Wärmeabgabe an den kalten Weltenraum unter die kritische Temperatur des Wassers, rund 165°, abgekühlt war, so daß Wasser sich niederschlagen konnte.

Über die Zusammensetzung und Verbreitung dieses „*Urozeans*" wissen wir nichts. Wir dürfen wohl annehmen, daß die hohe Wassertemperatur, der Druck einer viel mächtigeren, sehr heißen und chemisch ganz anders zusammengesetzten Atmosphäre und die Dünne der Erstarrungskruste der Erde, die fortgesetzt Magma- und Gasdurchbrüche aus dem Erdinneren zuließ und erst ganz allmählich an Dicke und Festigkeit zunahm, Bedingungen für die ersten flüssigen Niederschläge schufen, die heute kaum vorstellbar sind. Da schon die erste Kruste des Erdballs Unebenheiten aufwies, so war mit den ersten Niederschlägen auch der Uranfang für ihr Abfließen, und damit für Erosion, Transport und Wiederablagerung in den Senken geschaffen. So entstanden die ersten Absätze im Urozean, aber unter Bedingungen, die von den heutigen vollkommen verschieden waren; sie müssen daher ganz anders ausgesehen haben als die späteren „normalen“ Absätze. Das aktualistische Prinzip kann uns also bei der Untersuchung der ältesten Schichtgesteine nicht viel nützen.

Auch die Zusammensetzung der ersten Erstarrungskruste der Erde ist uns unbekannt. Wir wissen daher auch nichts über ihre Zerstörungsprodukte, über ihre Umwandlung auf dem Transport und im Urmeer. Selbst wenn aber damals, was äußerst unwahrscheinlich ist, ähnliche Gesteine wie heute entstanden wären, so würden sie in der Zwischenzeit, die nach Jahrmilliarden zählt, immer wieder den stärksten Umwandlungen ausgesetzt gewesen sein, so daß sie unkenntlich hätten werden müssen. Man hat bisher azoische (oder archäische) Gesteine besonders in Skandinavien, Finnland und dem nördlichen Nordamerika (hauptsächlich in Kanada) untersucht; manche Forscher haben früher auch bestimmte Schwarzwald-, Vogesen- und Spessartgesteine wie auch solche anderer Gegenden dazugerechnet. Mikroskopische, chemische (man glaubt, manche Gesteine hätten trotz starker Veränderung der Struktur und des Mineralbestandes ihre stoffliche Zusammensetzung bewahrt) und geologische (indem man vom Studium weniger vollständig umgewandelter Gesteine zu stärker veränderten vorging) Arbeitsmethoden ergaben erstens die Möglichkeit der Unterscheidung von gleich stark umgewandelten Erstarrungs- und Ablagerungsgesteinen, die vorher wegen ihrer Ähnlichkeit für artgleich gehalten worden waren, und zweitens die Erkennung jüngerer Gesteine, die durch weitgehende Metamorphose den „Urgesteinen“ ähnlich geworden waren. Azoische „Konglomeratschiefer“ führt man heute auf Geröllschichten, Quarzite und Quarzitschiefer auf Quarzsande, manche Phyllite und Glimmerschiefer auf tonige, manche kristalline Kalke und Dolomite auf kalkige Absätze zurück. Auf das Vorhandensein von Organismen weist vielleicht das Vorkommen von Kalk und möglicherweise auch von Graphit hin, obwohl gerade dieser z. T. sicher anorganisch entstanden ist. *Jede Spur erkennbarer, organischer Reste fehlt bis heute,* und selbst wenn man in einigen Schichtgesteinen, die der allzu gründlichen Umwandlung entgangen sind, Reste von Pflanzen oder Tieren finden sollte: ein *sehr langes Zeitalter ohne jedes Leben* müssen wir theoretisch zwischen Stern-Zeitalter und eigentliche Erdgeschichte einschalten. Wahrscheinlich war das erste Wasser überall ähnlich zusammengesetzt; die späteren Unterschiede von Salz- und Süßwasser waren wohl noch nicht vorhanden.

Auch die Ablagerungen der nächsten großen Zeitepoche, der *proterozoischen* (der Zeit des frühesten Lebens) oder *archäozoischen* (der des uralten Lebens), sind noch zur *Urgeschichte* der Erde zu rechnen, während man die späteren Epochen als „Geschichte der Erde" zusammenfaßt. Wie die Menschengeschichte, mit dem überlieferten Wort beginnend, aus der Urgeschichte oder Vorgeschichte des Menschen sich löst, in der andere Zeichen menschlicher Tätigkeit als Zeitmarken gelten, so spricht man am besten erst von der Geschichte der Erde, sobald tierische oder pflanzliche Reste in brauchbarer Menge sich finden. Zwischen menschlicher Vorgeschichte und Geschichte — um den Vergleich etwas auszuspinnen —, da also, wo *eine* Art der Zeitrechnung durch eine *andere* ergänzt wird, wo Arbeitsmethoden und Denkart der Forscher und damit die „Wissenschaften" sich scheiden, besteht ein breites, nebliges „Niemandsland", in das nur gelegentlich kühne Vorstöße eindringen. Eigentliche systematische Arbeit kann sich hier nicht entwickeln, bevor nicht eine Methode gefunden ist, und so beschränkt sich die Tätigkeit darauf, das Nebelreich von der sicheren, historischen Seite her zu verkleinern. Die Erdgeschichte, die mit gesteinskundlichen *und* organischen Zeitmarken rechnet, nimmt der Urgeschichte der Erde, die nur über Gesteine verfügt, weil bisher Reste von Leben fehlen, ständig Raum ab; das ganze Proterozoikum ist erst in den letzten Jahrzehnten durch einzelne Funde von Versteinerungen vom leblosen Zeitalter abgetrennt worden, kann aber noch nicht zum Reiche der Erdgeschichte geschlagen werden, weil die Spuren des Lebens noch zu spärlich sind. Die Abtrennung der proterozoischen von der azoischen Zeit bedeutet einstweilen nur, daß man in der ersten *Spuren früheren Lebens gefunden* hat, in der zweiten *noch nicht.*

Die Ablagerungen des *Proterozoikums* sind bisher vor allem in Nordamerika (Kanada), Schottland, der Bretagne, in Finnland und Skandinavien studiert worden, finden sich aber auch in anderen Ländern. Die Umprägung der Gesteine nimmt im allgemeinen ab; Konglomerate, Quarzite, Kalksteine, Grauwacken, Tonschiefer sind wie im Azoikum vorhanden, mächtige Eisenerze und sehr reiche Kupfererze kommen am Oberen See hinzu. Kohlenlager bis zu zwei Meter Dicke in Finnland können auf organische Herkunft deuten, obwohl Pflanzenstrukturen fehlen. An tierischen Resten kennt man bis jetzt Radiolarien aus proterozoischen Schiefern der Bretagne (die auf eine sichere Meeresablagerung deuten würden, deren organische Natur aber bezweifelt worden ist), eigenartige spongien- und korallenartige Bildungen aus Kanada und Finnland und Bruchstücke von Gliedertieren (?) aus Nordamerika; weniger sicher sind Reste von Echinodermen, Mollusken, Brachiopoden und Kriechspuren und Bohrgänge von Würmern. Die Reste sind spärlich und schwer zu deuten, aber sie sind als *die ersten Zeichen des Lebens* von großer Bedeutung, wenn sie auch noch nicht ausreichen, um das Proterozoikum zur eigentlichen Geschichte der Erde zu rechnen. Über die Natur und Verbreitung der damaligen Meere ist bis jetzt nichts bekannt.

Man läßt die Grenze zwischen den Schichten des Azoikums und des Proterozoikums gern mit einer deutlichen Diskordanz zusammenfallen, die man an manchen Orten beobachtet hat und zu der vielfach Diskordanzen im Proterozoikum selbst kommen. Wiederholt sind also in jenen Zeiten eben abgelagerte Schichten aufgerichtet oder gefaltet und abgetragen worden, bevor die nächsten Ablagerungen waagerecht darauf geschichtet werden konnten. Das spricht für eine sehr lange Dauer der proterozoischen Zeit; auch die nach Tausenden von Metern zählende Mächtigkeit der proterozoischen Schichten beweist das gleiche und fast noch mehr die überaus reiche Tierwelt des nächsten kambrischen Zeitalters, für die wir eine lange dauernde Entwicklungszeit annehmen müssen. Die Diskordanzen geben heute das Hauptmittel zur Einteilung der proterozoischen Zeit; es ist möglich, daß spätere Einteilungen nach erdgeschichtlichen Grundsätzen, d. h. in erster Linie nach organischen Resten, sich ganz oder teilweise mit der heutigen Einteilung decken, zumal man Ähnliches auch in der eigentlichen Erdgeschichte kennt.

Zusammenfassend dürfen wir sagen, daß uns alle Kenntnisse von der Vorgeschichte des Meeres aus azoischer und proterozoischer Zeit noch fehlen.

## 2. Geschichte.

Die eigentliche Erdgeschichte ist durch das *Vorwiegen normaler Schichtgesteine,* die nur noch örtlich stärker metamorphosiert sind, und durch *reiche Faunen,* später auch Floren, gekennzeichnet. Da diese Faunen und Floren sich wiederholt ändern, da diese Änderungen auf der ganzen Erde wenigstens annähernd gleichzeitig und überall im gleichen Sinn erfolgen, und da ein Aufstieg im System des Tier- und Pflanzenreichs sowie eine immer stärker werdende Angleichung an die Fauna und Flora der Gegenwart zu erkennen ist, so sind die nach vielen Jahrmillionen geschätzten Zeiten der eigentlichen Erdgeschichte vorwiegend nach den Tierresten (Pflanzen sind weniger allgemein verbreitet) gegliedert worden. Man unterscheidet heute 11 „Formationen“, deren Unterscheidung im wesentlichen von mitteleuropäischen Forschern stammt, wo die Erforschung der Erdgeschichte ihren Anfang und ersten Aufschwung nahm.

Meerestiere stellen den weitaus größten Prozentsatz der Versteinerungen, weil im Meere dauernd Absätze auf größeren Flächen entstehen, die die Reste toter Tiere zudecken, während auf dem Lande das meiste zerstört wird. So sind auch die Leitfossilien meist Meerestiere — und so kommt es, daß, wie gesagt, *die Geschichte der Erde fast gleichbedeutend mit einer Geschichte der Meere* ist.

Wenn wir versuchen, die Verbreitung der Meere in einigen jüngeren Abschnitten der Erdgeschichte in Karten darzustellen, so müssen wir uns deren Unvollkommenheit bewußt sein. Bei der Besprechung der Erosion haben wir bereits gesehen, was für gewaltige Massen von Beweisen für unsere Darstellung unwiederbringlich verloren sind und dauernd weiter verlorengehen. Dazu kommt, daß $^{7}/_{10}$ der Erdoberfläche unter dem Meere liegen und unerforschbar sind, und daß auch große Teile der Kontinente noch unbekannt sind. Noch eine weitere Tatsache verstärkt das Gefühl der Unsicherheit. Die „paläogeographische" Karte eines erdgeschichtlichen Zeitabschnitts oder selbst einer Unterabteilung bedeutet eine Eintragung aller Funde aus dieser Zeit auf einer Karte; jede dieser Zeiten aber währte Millionen von Jahren, und *niemals* ist die Erde in einem so langen Zeitraum ruhig geblieben! *Immer* waren die Grenzen von Festland und Meer wandelbar wie in unserer Zeit, und so sollte man eigentlich Karten nur für die allerkleinsten Zeiträume zeichnen. Dazu fehlt aber das Beweismaterial, und so bleiben unsere Karten in hohem Grade ungenau. Sie können nur übersichtliche Zusammenstellungen unserer derzeitigen Kenntnisse sein, wie sie der Zeichner der Karte deutet, und der Leser darf sie nicht mit den geographischen Karten der Gegenwart vergleichen.

Die gegenwärtige Auffassung der Einteilung der Erdgeschichte läßt sich in folgender Tabelle wiedergeben, die deutsche Verhältnisse besonders berücksichtigt:

Die Zeitabschnitte der Tabelle sind nicht gleich lang, sondern werden aus verschiedenen Gründen um so kürzer, je mehr wir uns der Gegenwart nähern. Einmal sind die Versteinerungen in der paläozoischen und der mesozoischen Zeit fremdartiger; wir kennen sie weniger gut. Das Quartär ist ohnehin nur aus anthropozentrischen Gründen als „Zeit des Menschen" abgetrennt worden und kann nur als eine „letzte Sekunde" im Lauf der Erdgeschichte betrachtet werden. Auch das Tertiär hat eine viel weitergehende Einzelgliederung erfahren als jede andere Zeit, eben weil der Forscher die Versteinerungen besser mit heute lebenden Tieren vergleichen kann und die Gesteine im allgemeinen den Absätzen der heutigen Meere noch sehr ähnlich sind; es entspricht als Ganzes zeitlich nicht einmal einer Unterabteilung des Jura;

| Zeitalter | Formation | Abteilungen | Erläuterung | Benennung |
|---|---|---|---|---|
| Neozoische Zeit (Erdneuzeit) Neos (neu), zoon (Lebewesen) | Quartär | Gegenwart<br>Diluvium | (Alluvium) A. = das Schwemmland<br>d. h. Sintflut; man glaubte früher, die Ablagerungen seien die der Sintflut | „Tertiär“ und „Quartär“ sind aus einer älteren Gliederung und Benennung bestehen geblieben. Die Urzeit und die Paläozoische Zeit hießen damals die Primär- oder erste, die Mesozoische die Sekundär- oder zweite Zeit, der das Tertiär als die dritte und das Quartär als die vierte Zeit folgten. |
| | Tertiär | Pliocän — Pleion (mehr)<br>Miocän — Meion (weniger)<br>Oligocän — Oligos (wenig)<br>Eocän — Eos (Morgenröte)<br>Paläocän — Palaios (alt) | Kainos heißt neu; die Bezeichnungen sind nach dem allmählichen Erscheinen und Zunehmen heute noch lebender Muscheln u. Schnecken mit Annäherung an die Gegenwart gebildet. | |
| Mesozoische Zeit (Erdmittelalter) Mesos (mittel) | Kreide | Obere Kreide<br>Untere Kreide | | „Kreide“ nach dem bemerkenswertesten Gestein dieser Zeit, das aber weder auf sie beschränkt noch das einzige Gestein der Zeit ist. |
| | Jura | Oberer Jura<br>Mittlerer Jura<br>Unterer Jura | | „Jura“ nach dem Süddeutschen Juragebirge. |
| | Trias | Keuper<br>Muschelkalk<br>Buntsandstein | Dialekt: Köper = buntfarbig<br>Enthält oft sehr gehäufte Muschelbänke<br>Buntfarbige Sandsteine | „Trias“, die Dreizahl der in Deutschland scharf getrennten Unterabteilungen. |
| Paläozoische Zeit (Erdaltertum) Palaios (alt) | Perm | Zechstein<br>Rotliegendes | Z. und R. sind Ausdrücke der alten Mansfelder Bergleute; auf Z. erbauten sie die Zechenhäuser für den Kupferschieferbergbau, das R. (das „rote tote Liegende“) nannten sie die erzfreien roten Sandsteine unter dem Kupferschiefer | „Perm“ nach dem russischen Gouvernement Perm. |
| | Karbon | Oberes Karbon<br>Unteres Karbon | | „Karbon“ nach dem lateinischen Wort carbo = die Kohle; die Steinkohle ist das bemerkenswerteste Gestein dieser Zeit, kommt allerdings auch in anderen Zeiten vor. |
| | Devon | Oberes Devon<br>Mittleres Devon<br>Unteres Devon | | „Devon“ nach der englischen Grafschaft Devonshire. |
| | Gotlandium | (früher Obersilur) | | Die Silurer waren ein keltischer Volksstamm in Südengland zur Römerzeit; Gotlandium nach der Ostsee-Insel Gotland. |
| | Ordovicium | (früher Untersilur) | | „Ordovicium“ ist nach dem Volksstamm der Ordovicer gewählt, die in Wales zur Römerzeit lebten. |
| | Kambrium | Oberes Kambrium<br>Mittleres Kambrium<br>Unteres Kambrium | | „Kambrium“ ist nach der keltischen Bezeichnung Cambria für das heutige Wales gebildet. |

dieser hat als Ganzes zeitlich sicher nicht so lange gedauert wie eine Unterabteilung des Devon usw. *Zahlen* für die Dauer der einzelnen Abteilungen sind nur mit sehr großer Vorsicht zu geben; das Neozoikum mag vielleicht 60 Millionen Jahre, das Mesozoikum vielleicht 150 Millionen Jahre, das Paläozoikum vielleicht 450 Millionen Jahre gedauert haben, während seit dem ersten Auftreten des organischen Lebens mindestens 1500 Millionen Jahre verflossen sind.

### a) Das Erdaltertum (Paläozoikum).

In den *Meeren des Erdaltertums* lebten viel mehr Brachiopodengeschlechter als später, während Muscheln und Schnecken noch wenig mannigfaltig waren und nicht in der Masse vorkamen wie heute. Unter den Cephalopoden sind die stabförmigen Orthoceren und Verwandte besonders häufig; dazu kommen in der zweiten Hälfte die Goniatiten (als Vorfahren der später stark aufblühenden Ammoniten). Korallen werden vom Gotlandium an häufiger, und zwar vor allem die vierzähligen Tetrakorallen und die Tabulaten. Seelilien sind meist selten, aber ungemein vielgestaltig.

Von besonders großer Bedeutung sind krebsartige Tiere, die *Trilobiten* (Abb. 40—46, 55), obwohl sie in manchen Schichten nur selten gefunden werden; sie sind schon im Kambrium in Menge vorhanden, erleben im Ordovicium ihre Blütezeit und nehmen dann langsam ab, um im Perm auszusterben. Man findet im allgemeinen nur ihre zerfallenen Rückenpanzer, die aus verkalktem Chitin bestehen. An ein Kopfschild schließt sich ein gegliederter Rumpf und ein aus ähnlichen Gliedern fest verschmolzener Schwanz. So ist der Panzer quer dreiteilig (Trilobiten = Dreilapper); aber auch längs zeigt er eine Spindel und zwei Seitenteile. Gliedmaßen sind auch bei vollständiger Erhaltung des Panzers nur sehr selten erhalten. Da die Trilobiten sich häuteten wie die Krebse, so „fälschten sie die Präsenzziffer“ und sind in manchen Schichten sehr häufig. Durch ihre leichte Kenntlichkeit werden die Trilobiten vom Kambrium bis zum Devon zu den Hauptmerkmalen der paläozoischen Meeresablagerungen, durch ihre große Formenfülle und die Kurzlebigkeit der einzelnen Gattungen zu den wichtigsten Leitfossilien für die zeitliche Gliederung dieser Zeit. Ordovicium und Gotlandium enthalten die merkwürdigen *Graptolithen* (Abb. 47—49, 51), die zwar leicht zu erkennen, aber nur schwer einer bestimmten Tiergruppe einzuordnen sind. Sie finden sich vorzugsweise und meist massenhaft in schwarzen bituminösen Schiefern und Kalken und sehen gewöhnlich aus wie mattglänzende Bleistiftzeichnungen von feinen, einseitig oder zweiseitig gezähnten Laubsägeblättern. Auch trichterförmige Stöckchen mit netzartiger Wand kennt man und hat vereinzelt auch Kolonien von Einzelfäden an einer Schwimmblase aufgehängt gefunden. Offenbar bestanden die dünnen Stäbchen aus Chitin. Manche Forscher halten die Graptolithen z. T. für planktonische, z. T. für pseudoplanktonische (als Bewohner treibender Tangmassen) Tiere und reihen sie bei den Hydrozoen ein. Die einzelnen Gattungen und Arten sind ungemein kurzlebig, und so bilden die Graptolithen als Ganzes Charakterfossilien der ordovicischen und gotlandischen Zeit, die beiden Hauptgruppen der Graptolithen sind bezeichnend für je eine der beiden Zeiten, und fast jede Gattung oder Art bildet ein Leitfossil für eine bestimmte Zone, das nahezu weltweit verbreitet ist. Vom Devon bis zum Perm sind hauptsächlich Goniatiten und Brachiopoden Leitfossilien, die Goniatiten sich spezialisierend und aufblühend, die Brachiopoden allmählich an Formenreichtum abnehmend.

## Das Kambrium.

Der reichste Fundort, der selbst zarte Abdrucke von Tieren ohne jede Hartteile in sehr feinkörnigen Schiefern überliefert hat, liegt am Mount Stephen in British Columbia in mittelkambrischen Schichten. Alle Gruppen wirbelloser Tiere sind bekannt; Wirbeltiere fehlen. Sehr spärlich finden sich Schnecken und Cephalopoden; auch kalkschalige Brachiopoden sind noch dürftig entwickelt. Die bezeichnenden Trilobiten der drei Abteilungen des Kambriums sind in europäischen Schichten von unten nach oben Olenellus, Paradoxides und Olenus (Abb. 40—42).

Die Verbreitung und Natur der Meere ist, wie für alle

paläozoischen Formationen, noch äußerst unvollkommen bekannt. Wenn man bedenkt, daß viele kambrischen Ablagerungen gefaltet sind, wobei ihre ursprüngliche Lagerung und Verteilung gestört wurde, und daß die Erosion weitaus die meisten Absätze in den langen seither verflossenen Zeiten wieder zerstören konnte, so ist klar, daß auch die herrliche Erhaltung der Tierreste am Mount Stephen und der noch völlig knetbar, also von jeder Umwandlung verschont gebliebene, blaue Ton der russischen Ostseeprovinzen uns nicht

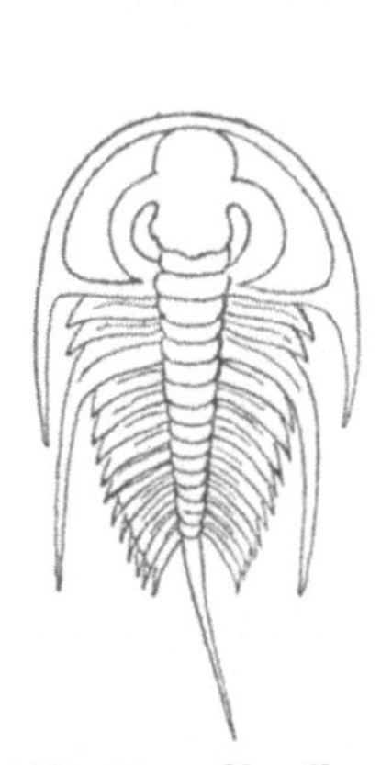

Abb. 40. Olenellus. Trilobit des Unterkambriums. (Nach Kayser).

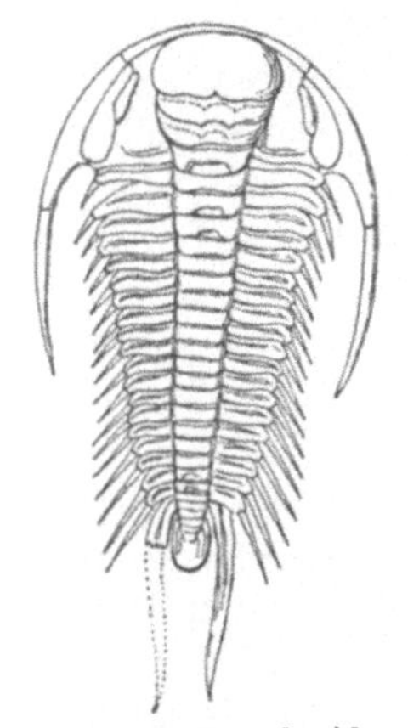

Abb. 41. Paradoxides. Trilobit des Mittelkambriums. (Nach Kayser. $^1/_3$.)

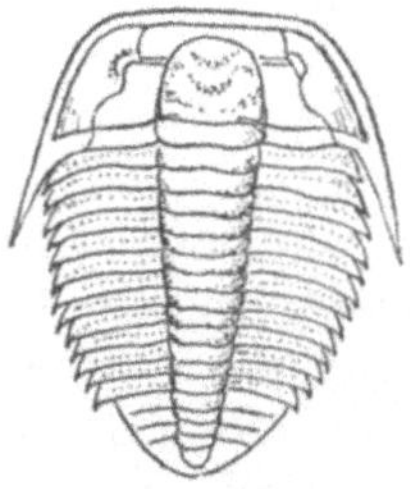

Abb. 42. Olenus. Trilobit des Oberkambriums. (Nach Kayser.)

darüber täuschen darf, wie wenige Überreste von Ablagerungen und Tieren aus den kambrischen Meeren bis zu unserer Zeit erhalten geblieben sind. Die ältesten kambrischen Schichten liegen mehr oder minder diskordant auf proterozoischen Gesteinen, d. h. Ablagerungen dieser Zeit wurden erst aufgerichtet und abgetragen, waren also Festland, ehe sich kambrische Meeresabsätze darüber ausbreiteten. Mit anderen Worten: die kambrische Zeit begann mit einer Transgression des Meeres. Einzelne Meeresteile mit verschiedenen Tierresten schälen sich allmählich heraus, und zwar vor allem ein „*atlantisches*“ und ein „*ostpazifisches*“ *Gewässer*, vielleicht (als Unterabteilung eines „pazifischen“ Urmeeres?) noch ein

„*chinesisches*“ (oder „*westpazifisches*“) Gewässer. (Man spricht am besten *nicht* von einem atlantischen und pazifischen usw. Ozean, weil über die Ausdehnung der damaligen Meere und ihre etwa vorhandenen Beziehungen zu den heutigen Ozeanen so gut wie nichts bekannt ist; vgl. den Abschnitt über die Kontinentalverschiebungstheorie.) Die kambrischen Schichten des östlichen Küstenbezirks von Nordamerika sind denen des nordwestlichen Europa, vor allem Englands, so ähnlich, daß man beide als „atlantisch“ bezeichnen darf: Olenellus, Paradoxides und Olenus sind nacheinander Leitfossilien, ja auch die durch verwandte Gattungen der drei Haupttypen bezeichneten Unterabteilungen treten hüben und drüben in der gleichen Folge auf. Im ostpazifischen Gewässer dagegen, das den weitaus größten westlichen Teil des heutigen Nordamerika bedeckte, fehlen Paradoxides und Olenus vollständig und sind durch andere Trilobitengeschlechter ersetzt, sodaß von den meisten Forschern für die Zeit des Mittel- und Oberkambriums ein schmales Festland im östlichen Nordamerika angenommen wird, das beide Meeresteile trennte. Die Ablagerungen des chinesischen (oder westpazifischen) Gewässers enthalten weder Olenellus, noch Paradoxides, noch Olenus, zeigen aber gelegentliche Beziehungen teils zum ostpazifischen, teils auch zum atlantischen Gewässer. Es ist einleuchtend, daß schon das Vorhandensein von Olenellus im ostpazifischen *und* atlantischen, dagegen das Fehlen von Paradoxides und Olenus im ostpazifischen Gewässer auf Bodenbewegungen innerhalb der kambrischen Zeit deuten.

Das atlantische Gewässer, das die Gegend des heutigen Westeuropa bedeckte, war reich gegliedert und zerfiel in eine ganze Anzahl von Provinzen, zwischen denen Festländer lagen. Von großer Bedeutung ist eine Transgression dieses Meeres, die mit der Paradoxides-Zeit einsetzt und ganz Südeuropa und Nordafrika überflutet, in der Olenuszeit aber bereits wieder beendet war. Landsenkung und Überflutung von ganz Südeuropa in mittelkambrischer, Landhebung und Trockenlegung in oberkambrischer Zeit sind durch das Vorhandensein mittelkambrischer und das Fehlen oberkambrischer Meeresversteinerungen in Südeuropa und Nordafrika deutlich belegt.

## Das Ordovicium.

Die ordovicische Zeit beginnt mit dem Verschwinden des Trilobiten Olenus und seiner Verwandten und dem Erscheinen der Gattung Ceratopyge (Abb. 43), vor allem aber mit den *ersten Graptolithen,* und zwar der Gattung Dictyonema (Abb. 47), die zarte trichterförmige Stöckchen mit netzförmiger Wand bildet. Sie endigt mit dem Verschwinden des Trilobiten Asaphus (Abb. 44) und seiner Verwandten und bestimmten Gattungen der Graptolithen, für die neue auftauchen.

Im ganzen beginnt im Ordovicium eine *starke Vermehrung der kalkbauenden Meeresbewohner:* Vierzählige Einzelkorallen erscheinen und bauen mit stockbildenden Tabulaten und anderen Formen kleine riffartige Ansammlungen; Seelilien (Abb. 24) und Verwandte, Brachiopoden, Muscheln, Schnecken und vor allem Cephalopoden aus der Gruppe der Nautiliden (Abb. 50) erscheinen in größerer Menge und Vielgestaltigkeit. Die Bryozoen oder Moostierchen sind am Höhepunkt ihrer Entwicklung, und auch die *Trilobiten* (Abb. 43—46) erleben ihre Blütezeit. Vor allem sind die Gattungen Asaphus (Abb. 44) und Illaenus (Abb. 45) mit ihren zahlreichen Verwandten häufig und weit verbreitet; Asaphus mit vielen ähnlichen Formen ist auf das Ordovicium beschränkt. Cryptolithus (Abb. 46) erscheint im jüngeren Ordovicium. Von *Wirbeltieren* kennt man die ersten dürftigen Spuren: Zähnchen und Knochenplatten von Fischen. Im ganzen übertrifft die Fauna des Ordovicium die des Kambrium bedeutend an Formenreichtum.

Auch das ordovicische Urmeer beginnt mit einer weitreichenden Transgression. Das *atlantische Gewässer,* dessen Ablagerungen aus kambrischer Zeit wir in Nordwesteuropa und dem östlichen Nordamerika fanden, besteht fort. Im Norden davon lag in kambrischer Zeit ein großes „nordisches Festland"; dies wird nun zum großen Teil vom Meere überflutet, so daß man von einem „*isländischen*" Gewässer sprechen kann. Dieses muß vom atlantischen Gewässer getrennt gewesen sein, da ihm Graptolithen ganz und Trilobiten fast ganz fehlen. Unklarer sind die Verhältnisse im *ostpazifischen Gewässer,* vor allem deshalb, weil sich anscheinend Einflüsse

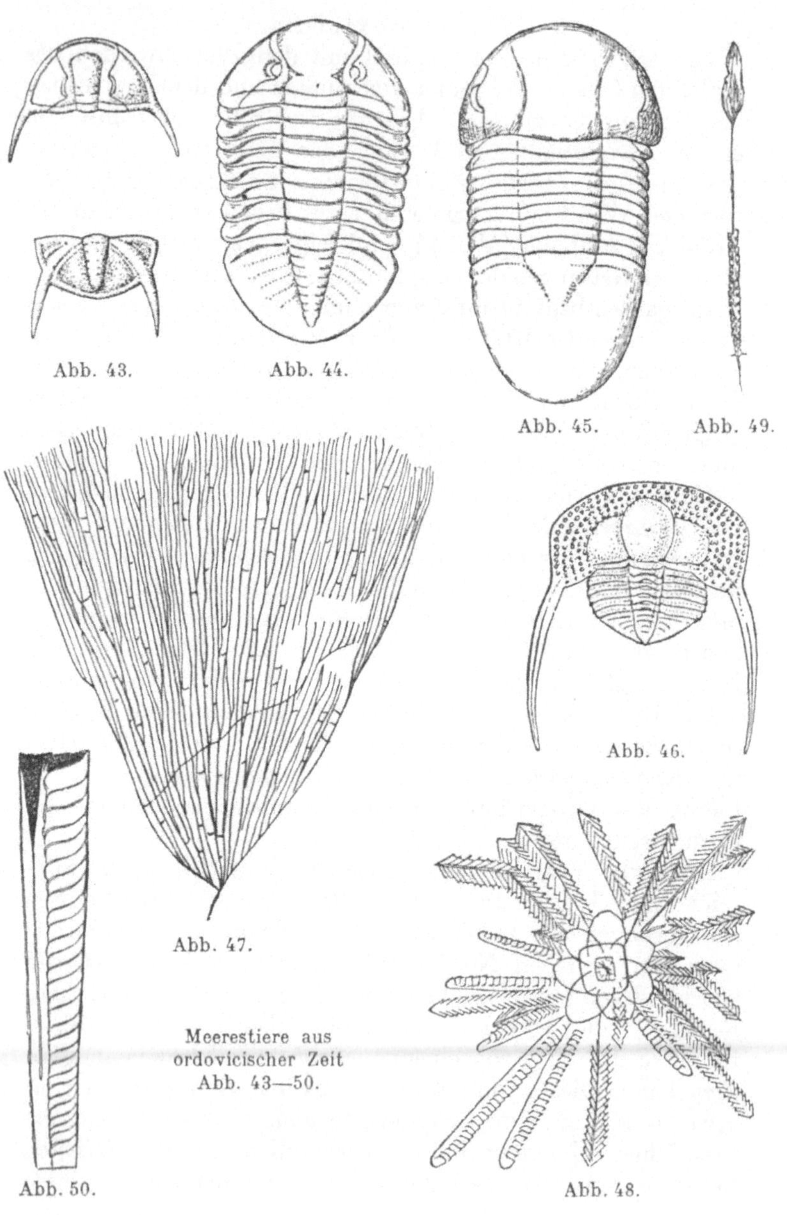


Meerestiere aus ordovicischer Zeit Abb. 43—50.

von verschiedenen Richtungen in den ordovicischen Schichten des heutigen Nordamerika geltend machen. Das *chinesische* Gewässer hatte offenbar Verbindung mit dem atlantischen, ebenso mit der Gegend des heutigen Australien und Neuseeland. Jedenfalls spielen die Graptolithenfaunen überall eine große Rolle; offenbar gab es für die planktonischen oder pseudoplanktonischen Tiere nur *festländische* Verbreitungsgrenzen.

Die ordovicischen Ablagerungen des atlantischen Gewässers lassen sich im heutigen Europa einzelnen Meeresprovinzen zuteilen, die sich mehr oder minder deutlich unterscheiden. In allen kann man außer der Anfangstransgression des ordovicischen Urmeeres noch weitere Landsenkungen verfolgen, die ungefähr gleichzeitig einsetzten und dem Meere das Vordringen über Festland gestatteten, aber jedesmal von Landhebungen und entsprechendem Zurückweichen des Meeres abgelöst wurden. Solche Bodenbewegungen schaffen gelegentlich Verbindungen getrennter Meeresteile und damit Verbreitungsmöglichkeiten für Meerestiere, die dann plötzlich in anderen Gegenden auftreten.

## Das Gotlandium.

Die *einzeiligen Graptolithen* erscheinen; sie lebten nur in den gotlandischen Urmeeren, sind also Leitfossilien für die

Zu nebenstehenden Abbildungen:

Abb. 43. Ceratopyge. Kopf und Schwanz eines Trilobiten des untersten Ordovicium. (Nach Born aus Salomon.)

Abb. 44. Asaphus. Trilobit des Ordovicium. (Nach Born aus Salomon. $^2/_3$.)

Abb. 45. Illaenus. Trilobit des Ordovicium. (Nach Born aus Salomon. $^2/_3$.)

Abb. 46. Cryptolithus. Trilobit des oberen Ordovicium. (Nach Barrande aus Stromer, abgeändert.)

Abb. 47. Dictyonema. Graptolith des untersten Ordovicium. (Nach Rüdemann aus Stromer. $^3/_4$.)

Abb. 48. Diplograptus. Vollständige Graptolithenkolonie, flachgedrückt, von oben, aus dem Ordovicium. Von der sehr selten erhaltenen mittleren Schwimmblase hängen die zweizeiligen Graptolithen herab, die man gewöhnlich isoliert findet. (Nach Rüdemann aus Stromer. $^2/_3$.)

Abb. 49. Climacograptus. Zweizeiliger, ungewöhnlich vollständiger Graptolith, oben mit flachgedrückter Schwimmblase, aus dem Ordovicium. (Nach Rüdemann aus Stromer.)

Abb. 50. Endoceras. Stabförmiger Cephalopod, mit dickem, randständigem Sipho, aus dem Ordovicium. (Nach Holm, abgeändert aus Salomon. Etwa $^1/_8$.)

gotlandische Zeit, ihre Gattungen (besonders Monograptus [Abb. 51]) und Arten weltweit verbreitete Leitfossilien für ihre Zeitabschnitte. Die vierzähligen Korallen und Tabulaten (Abb. 23, 52) sind auf ihrem Höhepunkt; sie bilden mit anderen Kalkerbauern große Riffe, die nördlich bis in die Gegend

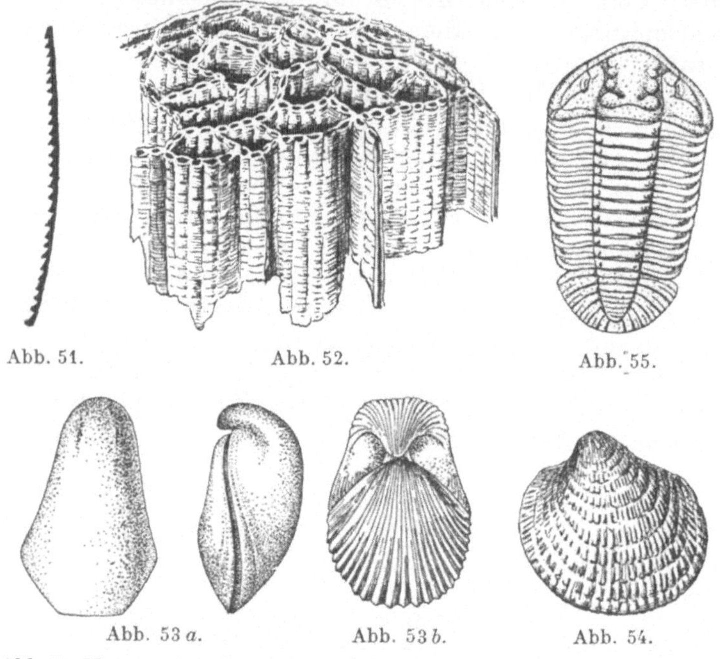


Abb. 51. Monograptus. Graptolith des Gotlandium. (Nach Born aus Salomon.)
Abb. 52. Halysites. Tabulat des Gotlandium. (Nach Born aus Salomon. $^3/_4$.)
Abb. 53. Pentamerus, zwei Arten dieser Brachiopodengattung, aus dem Gotlandium. (Nach Gagel, abgeändert aus Salomon, und nach Davidson aus Stromer. $a$ $^2/_3$, $b$ $^1/_3$.)
Abb. 54. Cardiola interrupta. Muschel des Gotlandium. (Abgeändert nach Born aus Salomon.)
Abb. 55. Calymmene. Trilobit des Gotlandium. (Nach Römer aus Salomon.)

des heutigen Wales, Kristiania, Gotland, ja bis Neusibirien reichen. Seelilien und verwandte Formen und Brachiopoden (Abb. 53) entwickeln einen großen Formenreichtum, die Nautilidengruppe der Cephalopoden (Abb. 26a) erreicht ihre größte Blüte. Dagegen nehmen die Trilobiten (Abb. 55) an

Mannigfaltigkeit ab. (Gegen das Ende der gotlandischen Zeit kommen eigenartige Gliedertiere in Menge vor, die sogenannten Gigantostraken, die mit den ersten reicheren Fischfaunen zusammen das jüngste Gotlandium kennzeichnen. Sie finden sich in Menge aber nur in Ablagerungen, in denen Reste von sicheren Meerestieren fehlen, die man daher für Süßwasserablagerungen hält.)

Auch die gotlandische Zeit beginnt mit einer *Transgression* des Urmeeres, vor allem in Mitteleuropa, wo die Meeresprovinzen sich weniger scharf unterscheiden, sodaß ein mehr einheitliches *atlantisches Gewässer* entsteht. Das Meer dringt während der gotlandischen Zeit über die Gegend des heutigen Deutschland, Polen, Balkan, Südrußland und des Kaukasus gegen Asien vor, wo es an die *asiatischen* Gewässer Anschluß findet. So entsteht ein großes, ostwestlich gerichtetes „*Urmittelmeer*", von Sueß mit dem Namen *Tethys* belegt, das mit wechselnder Begrenzung in der Geschichte der Erde immer wieder auftaucht. Im Norden hebt sich gleichzeitig eine gewaltige Kontinentalmasse heraus, die allmählich nach Süden Raum gewinnt. Damit verschwinden einmal die isländischen Gewässer wieder; ferner aber wird der Nordrand der atlantischen Gewässer immer weiter nach Süden verlegt. An die Stelle der Meeresablagerungen treten hier im Norden solche des süßen Wassers, die nur noch wenige Relikte, im übrigen nur Gigantostraken und Fische enthalten. Auch im Süden der Tethys liegt ein großer Kontinent, der Teile des heutigen Afrika und Brasiliens umfaßt. Auch in Nordamerika zeigen die gotlandischen Schichten deutlich die gleiche große Transgression, die im Höhepunkt etwa 40% des heutigen Kontinents überflutet hatte, und zwar teils vom atlantischen, teils vom pazifischen Gewässer aus, teils auch von Norden her. Man nimmt für die gotlandische Zeit ein großes arktisches Urmeer an, das die atlantischen und die pazifischen Gewässer verband. Gegen Ende des Gotlandiums zieht sich das Meer zurück, und auch in Nordamerika finden sich Süßwasserablagerungen mit Panzerfischen, die in der nächsten devonischen Zeit stark aufblühen.

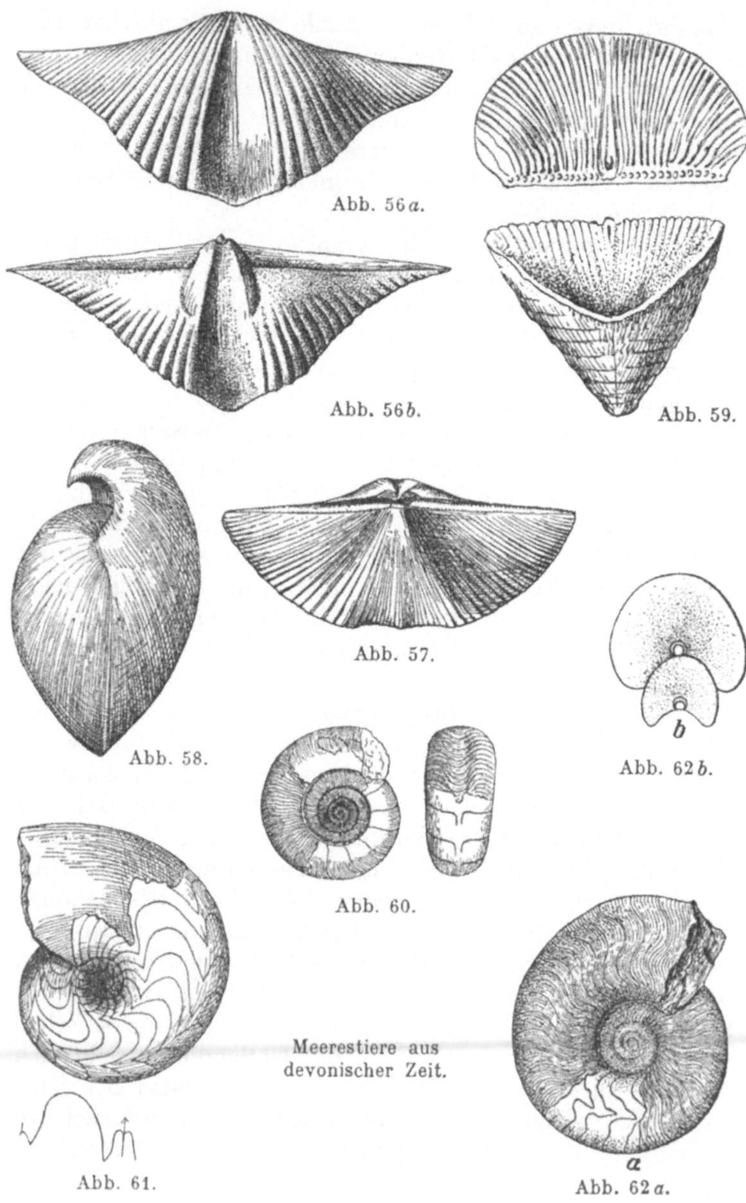


Abb. 56a.

Abb. 56b.

Abb. 59.

Abb. 57.

Abb. 58.

Abb. 62b.

Abb. 60.

Meerestiere aus devonischer Zeit.

Abb. 61.

Abb. 62a.

## Das Devon.

Die Graptolithen sind verschwunden. In Flachmeerschichten sind die Brachiopoden (Abb. 56—58) als Leitfossilien von Bedeutung. Die Trilobiten gehen weiter zurück; die Fische blühen auf und zeigen sich auch in Meeresschichten. Tetrakorallen (Abb. 59) und Tabulaten bauen Riffe, in deren Nachbarschaft Seelilien und Brachiopoden leben.

Zum ersten Male treten mit dem Beginn der Mitteldevonzeit die Vorläufer der späteren Ammoniten, *die Goniatiten* (Abb. 60, 61, 63), in größerer Menge auf, die durch weltweite Verbreitung (vgl. S. 91) eine ähnliche Bedeutung gewinnen wie im Ordovicium und Silur die Graptolithen. Die einzelnen Gattungen sind ausgezeichnete Zonenfossilien, die vor allem in küstenferneren Schelfablagerungen überall vorkommen, und zwar überall in der gleichen Reihenfolge. Oft sieht die Ablösung wie eine Katastrophe, das Erscheinen wie ein unerklärliches explosives Aufblühen aus, das mit einem Schlage an Stelle einer oft in überwältigender Menge lebenden Gruppe oder Gattung eine neue, ganz verschiedene, in gleicher Massenhaftigkeit setzt. Im mittleren Devon ist besonders Anarcestes (Abb. 60), im Oberdevon Manticoceras (Abb. 61) und die durch die Lage des Sipho abweichende Gruppe der Clymenien (Abb. 62) zu nennen.

Die Meeresverbreitung blieb zunächst ähnlich wie am Schluß der silurischen Zeit. Das zentrale „*Urmittelmeer*" besteht weiter; der Osten des heutigen Nordamerika steht wie

Zu nebenstehenden Abbildungen:

Abb. 56. Spirifer. Brachiopod des Unterdevon. *a*) Oberfläche der großen Schale, gewonnen durch Ausguß des Abdrucks. *b*) „Steinkern", d. h. Gesteinsausfüllung der Innenseite der gleichen Schale. ($^2/_3$.)

Abb. 57. Spirifer. Brachiopod des Oberdevon. (Nach Kayser. $^2/_3$.)

Abb. 58. Stringocephalus. Brachiopod des Mitteldevon. (Nach Sueß aus Zittel. $^1/_2$.)

Abb. 59. Calceola. Deckelkoralle des Mitteldevon. (Nach Kunth aus Stromer, leicht abgeändert.)

Abb. 60. Anarcestes. Ammonit (Goniatit) des Mitteldevon. (Nach Kayser. $^1/_2$.)

Abb. 61. Manticoceras. Ammonit (Goniatit) des unteren Oberdevon. (Nach Kayser. $^2/_3$.)

Abb. 62. Clymenia. Cephalopod des oberen Oberdevon. (Nach Gümbel.) *b* Querschnitt, zeigt den innen liegenden Sipho (bei allen echten Ammonitengeschlechtern liegt er außen).

Europa unter *atlantischem* Einfluß. Um die mitteldevonische Zeit setzt eine neue *Transgression des Meeres* ein, die man im heutigen Europa mehrfach feststellen kann. Gleichzeitig erkennt man in den deutschen Ablagerungen ständig zunehmende Faziesunterschiede, die auf Bodenbewegungen am Grunde des Meeres hindeuten und den Übergang zu den folgenden Festlandperioden einleiten. Der nordische Kontinent der silurischen Zeit nimmt an Ausdehnung nach Süden zu. Die Cephalopodenfaunen des Devons sind auf der Nordhalbkugel allgemein verbreitet, sodaß man Meereszusammenhänge annehmen darf. Im heutigen Südamerika und Südafrika sind in unterdevonischer Zeit Absätze aus einem gemeinsamen „*antarktischen* Gewässer" bekannt.

## Das Karbon.

Als Leitversteinerungen in den Meeresablagerungen der karbonischen Zeit gelten *Goniatiten,* von denen hier Glyphioceras (Abb. 63) abgebildet wird. Die Productiden (Abb. 64) unter den Brachiopoden, die Gattung Posidonia (Abb. 65) unter den Muscheln und die Fusulinen und Schwagerinen (Abb. 66) unter den Protozoen gewinnen große Bedeutung. Die Trilobiten gehen ihrem Verschwinden entgegen und sind auf wenige Formen vermindert; ebenso nehmen Brachiopoden, Tetrakorallen und Tabulaten an Mannigfaltigkeit ab. (Festlandfaunen und -floren gewinnen an Bedeutung; Amphibien, Reptilien und Insekten sind vorhanden, Sumpfwälder von Farnen, Schachtelhalmen und mächtigen Bärlappgewächsen liefern die Kohlen.)

*Das Urmittelmeer, die Tethys,* besteht weiter zwischen einem gewaltigen Nordkontinent, der das heutige Nordeuropa sowie große Teile von Nordamerika und Nordasien umfaßte, und einem Südkontinent, zu dem große Teile des heutigen Afrika und Südamerika gehörten. Im heutigen Westeuropa, wie in Nordamerika, zieht sich das Meer weiter zurück; große, von der mitteldevonischen Transgression bedeckte Flächen werden wieder Festland, wobei einzelne mehr lokale Transgressionen vorkommen. Sehr bedeutend ist die Transgression *pazifischer Gewässer,* des sogenannten „Fusulinenmeeres", über Teile des heutigen Asien und Rußland bis Spitzbergen, über die Gegend der jetzigen Sahara und über nördliche Teile des heutigen Nordamerika. Die Beziehungen

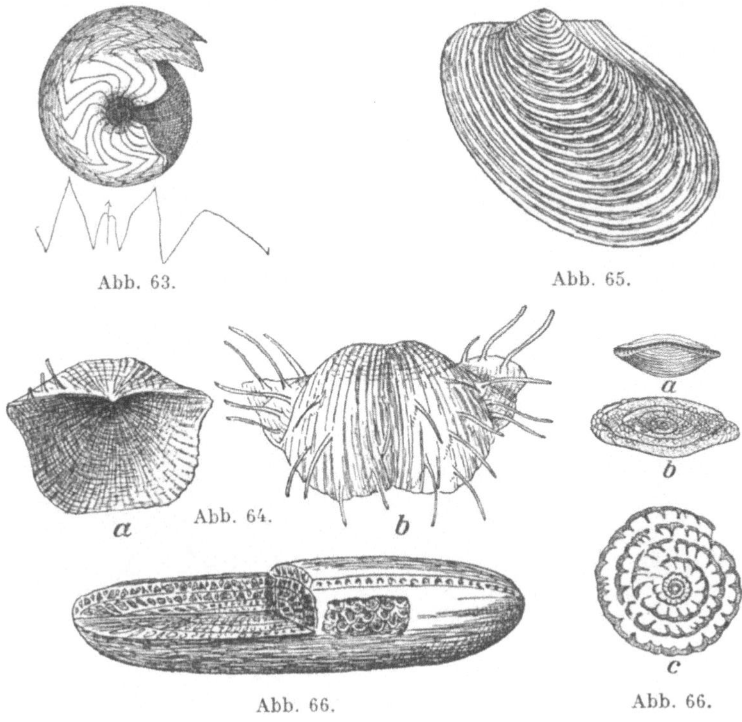


Abb. 63. Glyphioceras. Ammonit (Goniatit) des Unterkarbon. (Nach Kayser. $^2/_3$.)

Abb. 64. Productus. Gestacheltes Brachiopod des Karbon. Konvexe große und konkave kleine Schale. (Nach Davidson aus Stromer. $^2/_3$.)

Abb. 65. Posidonia. Muschel des Unterkarbon (Kulm). (Nach Harrassowitz aus Salomon.)

Abb. 66. Fusulina und Schwagerina. Protozoen des Karbon. (Nach Zittel und Stromer. Vergrößert. Fusulina etwa $^5/_1$, Schwagerina *a* von vorn $^3/_2$, *b* Längsschnitt $^5/_2$, *c* Querschnitt $^{20}/_1$.

zwischen pazifischen Gewässern und Tethys äußern sich in dem Vorkommen von Fusulinen an verschiedenen Orten Südeuropas.

## Das Perm.

Die Cephalopodengattungen gehören teils noch den *Goniatiten* (mit einfachen Lobenlinien) an, gehen aber z. T. schon zu den *Ammoniten* (mit stärker geschlitzten Loben) über. Wichtige Leitfossilien sind Medlicottia (Abb. 67), Cyclolobus (Abb. 68) und Popanoceras (Abb. 69). Die Zweischaler treten allmählich an die Stelle der weiter zurückgehenden Brachio-

Abb. 67. Medlicottia. Ammonit des Perm. Daneben Lobenlinie. (Nach Kayser.)

Abb. 68. Cyclolobus. Ammonit des Perm. (Nach Kayser. $^2/_3$.)

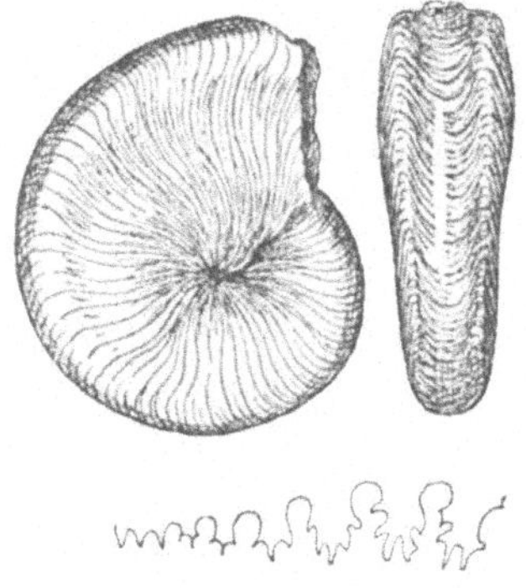

Abb. 69. Popanoceras. Ammonit des Perm. (Nach Kayser.)

poden, unter denen die Productiden ihre Bedeutung behalten. Fusulinen und verwandte Protozoengattungen sind noch massenhaft vorhanden, sterben aber am Ende der permischen Zeit aus.

Auch in der permischen Zeit besteht die *Tethys* zwischen Nord- und Südkontinent weiter. Mitteleuropa gehörte zum Nordkontinent, wurde aber in der jüngeren Permzeit (der sog. Zechsteinzeit) von einer Transgression überflutet, die, rasch wieder vom Meere abgeschnitten, zu einem salzigen Binnensee wurde und langsam verdunstete. Die Tethys selbst steht zu *pazifischen Gewässern* in enger Verbindung; diese haben in ganz Asien und im westlichen Nordamerika Ablagerungen hinterlassen.

### b) Das Erdmittelalter (Mesozoikum).

*In den Meeren des Erdmittelalters* treten die Brachiopoden noch mehr zurück, Muscheln und Schnecken mehr in den Vordergrund. Die Tetrakorallen, viele Zweige der Seelilien und die Trilobiten sind ausgestorben, die Tabulaten fast verschwunden. Die sechszähligen Hexakorallen erscheinen als Hauptriffbilder (mit Kalkalgen und anderen Formen). Die ersten Knochenfische und Meeresreptilien finden sich in marinen Ablagerungen. (Auf dem Festland erscheinen Vögel und Säugetiere; Charaktertiere des ganzen Erdmittelalters sind auf dem Festland die Reptilien.)

Weitaus die größte Bedeutung als Leitfossilien haben die *Ammoniten*. Für sie gilt das gleiche, was für die Goniatiten bei der Besprechung des Devons gesagt wurde; nur ist ihre Vielgestaltigkeit stark gesteigert, ohne daß ihre Horizontbeständigkeit deshalb nachgelassen hätte. Einige wenige langlebige Gruppen spielen gegenüber der gewaltigen Mehrheit von Formen, die auf einen dünnen Schichtkomplex beschränkt sind, kaum eine Rolle.

#### Die Trias.

Der Name Trias (= „Dreiheit") paßt nur für Deutschland, wo er geschaffen wurde und wo der Muschelkalk, deutlich und auch für den Laien leicht kenntlich, als Meeresablagerung zwischen zwei wahrscheinlich festländischen Gesteinshorizonten, dem Buntsandstein und dem Keuper, liegt. Leitfossilien für diese *„germanische Meeresprovinz"* der Trias sind die Ceratiten (Abb. 70 und 26*m*). Im Osten stand dies Meer (Abb. 75) mit der *Tethys* in Verbindung, die, wie in den vorangehenden Zeiten, als breites Ostwestmeer über Zentralasien zu den *pazifischen Gewässern* reichte. Leitversteinerungen sind Ammoniten, vor allem Trachyceras

(Abb. 71), Tropites (Abb. 26 *e*, *f*), Cladiscites (Abb. 72) und Arcestes (Abb. 73). Einzelne nekroplanktonisch verfrachtete Ammoniten usw. in den Schichten der „germanischen" Pro-

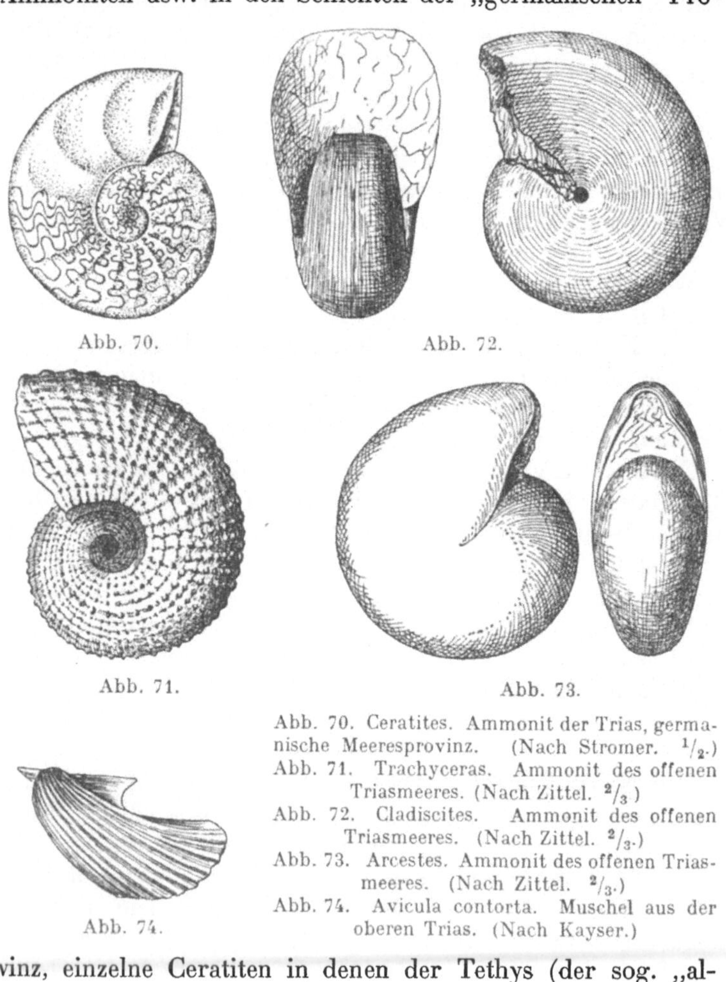


Abb. 70. Ceratites. Ammonit der Trias, germanische Meeresprovinz. (Nach Stromer. 1/2.)
Abb. 71. Trachyceras. Ammonit des offenen Triasmeeres. (Nach Zittel. 2/3.)
Abb. 72. Cladiscites. Ammonit des offenen Triasmeeres. (Nach Zittel. 2/3.)
Abb. 73. Arcestes. Ammonit des offenen Triasmeeres. (Nach Zittel. 2/3.)
Abb. 74. Avicula contorta. Muschel aus der oberen Trias. (Nach Kayser.)

vinz, einzelne Ceratiten in denen der Tethys (der sog. „alpinen" Trias, weil diese Ablagerungen in den heutigen Alpen weit verbreitet sind) beweisen die Gleichzeitigkeit der Ablagerungen; das gleiche gilt für den obersten Teil des jüngsten Abschnittes der Trias, die sog. „rhätische" Zone des

Keupers, in der eine weitverbreitete Muschel, Avicula contorta (Abb. 74), das Bindeglied bildet. Ablagerungen der pazifischen Gewässer finden sich allenthalben im heutigen Asien, im westlichen Nord- und Südamerika und in der Arktis in den nördlichen Regionen des jetzigen Eurasiens und Amerikas.

Abb. 75. Das Meer in der Triaszeit. (Nach Salomon.)

## Der Jura.

Kieselschwämme und Korallen, Seelilien und Seeigel, Muscheln und Schnecken blühen mächtig auf, während die Brachiopoden weiter zurückgehen und nur noch Terebrateln und Rhynchonellen häufig sind. Leitversteinerungen sind die *Ammoniten*; an Formenfülle und weltweiter Verbreitung unerreicht und auf ganz bestimmte Zeitabschnitte beschränkt, ermöglichen sie überall eine stark ins Einzelne gehende Gliederung der Zeit, so daß die Verteilung von Land und Wasser besser bekannt ist als in allen früheren Zeiten. Aus der Fülle der wichtigen Gattungen seien nur wenige der allerwichtigsten genannt: Psiloceras (Abb. 76), Arietites (Abb. 77) und Amaltheus (Abb. 78) für Ablagerungen des unteren Jura,

Lioceras (Abb. 79), Macrocephalites (Abb. 80) und Cosmoceras (Abb. 81) für Schichten des mittleren, Oppelia (Abb. 82) und Perisphinctes (Abb. 26 *g*) für solche des oberen Jura. Auch Belemniten (Abb. 26 *o*, *q*) sind häufig; Meeresreptilien erreichen ihren Höhepunkt.

Gegen Ende der Triaszeit hatte eine Überflutung des Festlandes eingesetzt, die sich im unteren (oder schwarzen) Jura verstärkte, aber örtlich begrenzt blieb. Dagegen setzte im mittleren (braunen) Jura eine *der gewaltigsten Transgressionen* der ganzen Erdgeschichte ein, die um die Wende zum oberen (weißen) Jura ihren Höhepunkt erreichte. Schon im östlichen Deutschland fehlen Meeresablagerungen der unteren Jurazeit, und das gleiche gilt für ganz Rußland, Teile von Nordasien, sowie für das nördliche und nordwestliche Nordamerika. Hier beginnen Meeresablagerungen der Jurazeit mit jüngeren Stufen des mittleren oder oberen Jura, die unmittelbar auf älteren Formationen liegen. Gegen Ende dieser Zeit verschwand das Meer allmählich aus Mitteleuropa.

Zwischen dem Nordkontinent und dem Südkontinent der früheren Zeiten bestand das *Urmittelmeer* (Abb. 84), *die Tethys, als breiter, ostwestlicher Meeresgürtel fort*. Im südlichen Teil dieser Tethys (Ablagerungen im heutigen Südspanien und Nordafrika, in den Alpen, Italien, im Balkan und in einer breiten durch Kleinasien und Südamerika zum Himalaja und weiter nach Osten ziehenden Zone) herrscht große fazielle Mannigfaltigkeit der Ablagerungen; die nördlich angrenzende „mitteleuropäische Provinz" zeigt eintönige Flachmeerablagerungen, ebenso die südlichen Ablagerungen

Zu nebenstehenden Abbildungen:

Abb. 76. Psiloceras. Ammonit des untersten Jura. (Nach Quenstedt aus Stromer. $^{2}/_{3}$.)
Abb. 77. Arietites. Ammonit des unteren Jura. (Nach Fraas, verkleinert.)
Abb. 78. Amaltheus. Ammonit des unteren Jura. (Nach Kayser. $^{1}/_{3}$.)
Abb. 79. Lioceras. Ammonit des mittleren Jura. (Nach Kayser. $^{2}/_{3}$.)
Abb. 80. Macrocephalites. Ammonit des mittleren Jura. (Nach Zittel. $^{2}/_{3}$.)
Abb. 81. Cosmoceras. Ammonit des mittleren Jura. (Nach Zittel.)
Abb. 82. Oppelia. Ammonit des oberen Jura. (Nach Kayser.)
Abb. 83. Aucella. Muschel des Jura, boreale Meeresprovinz. (Nach Kayser. $^{2}/_{3}$.)

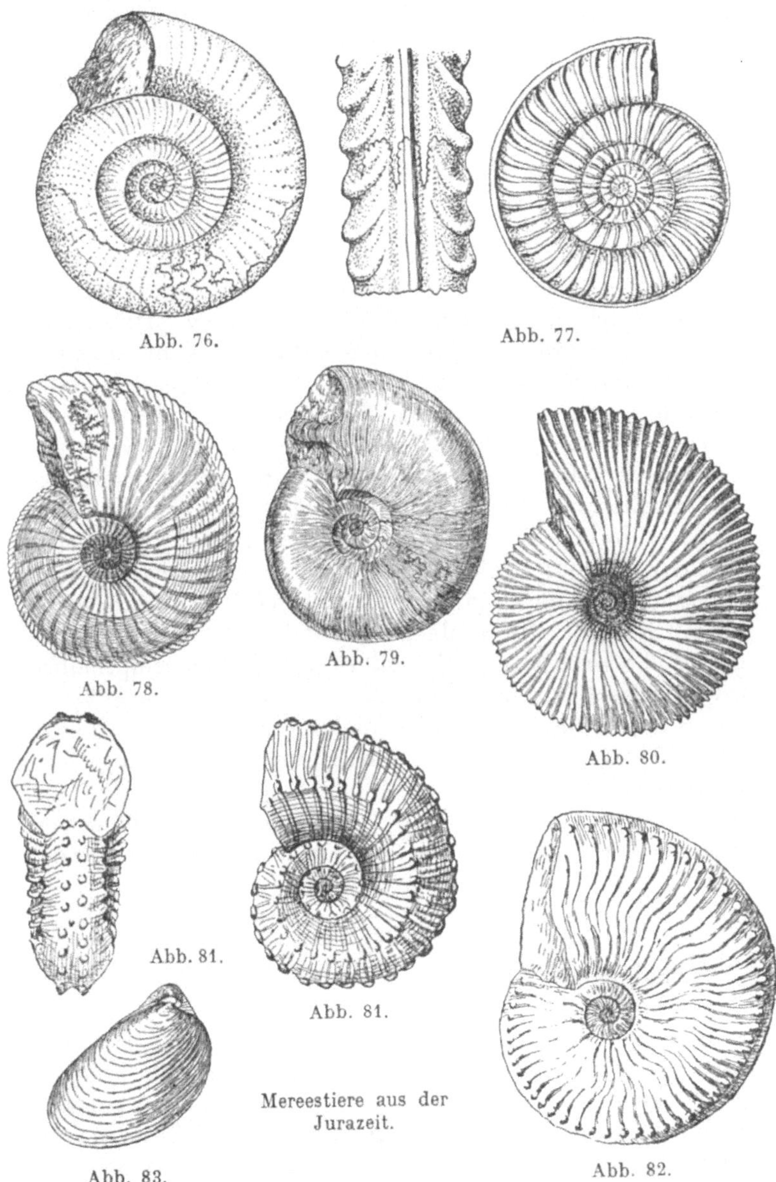

Abb. 76. Abb. 77.

Abb. 78. Abb. 79. Abb. 80.

Abb. 81. Abb. 81.

Abb. 83. Abb. 82.

Mereestiere aus der Jurazeit.

in Ostafrika, Madagaskar und Neuseeland. Auch die Ablagerungen, die sich in Zentral- und Südamerika sowie in Südafrika gefunden haben, tragen den Charakter von Flachmeerablagerungen und stehen den genannten nicht fern. Man kann wohl annehmen, daß alle diese Teile des Jurameeres miteinander in Beziehung standen. Von diesem „Südmeer" der Jurazeit weicht das „*Nordmeer*" stark ab. Seine Ablagerungen im heutigen Rußland, Asien, dem westlichen Nordamerika und in der Arktis tragen Flachmeercharakter, sind eintönig und einheitlich. Beziehungen zum Südmeer sind an verschiedenen Stellen festgestellt worden. Man glaubte zuerst, *drei* ostwestliche Zonen des Jurameers im heutigen Europa unterscheiden zu können, eine „russische" oder „boreale", eine „mitteleuropäische" und eine „mediterrane", und hielt diese Zonen, die sich über die Erde verfolgen ließen, für *Klima*zonen. Später sind die mitteleuropäische und mediterrane Zone als Ablagerungen in geringerer und größerer Meerestiefe eines einheitlichen Südmeeres erkannt worden. Das boreale Meer gehörte aber wohl sicher einem *kälteren Klimagürtel* an: *Riffkorallen fehlten* (südlich waren überall Korallenriffe in Menge vorhanden) — und wir haben gerade die Riffkorallen als außerordentlich kälteempfindlich kennengelernt. Andere Ammoniten- und Belemnitengeschlechter als im Südmeer lebten hier, und die merkwürdige Muschel Aucella (Abb. 83), die dort fast fehlte, war in Menge vorhanden.

Hier liegen also zum ersten Male in der Urzeit sichere Anzeichen für Klimaverschiedenheiten in den Meeren der Urzeit vor.

## Die Kreide.

Foraminiferen, Kieselschwämme, Seeigel, Muscheln (unter denen Inoceramus [Abb. 91] als Leitfossil zu nennen ist) und Schnecken nähern sich den Formen der Gegenwart, wenn auch noch keine gemeinsamen Arten bekannt sind. Brachiopoden gehen weiter zurück. Riffkorallen weichen langsam nach Süden zurück. Immer noch sind *Ammoniten* die Hauptleitfossilien; wir können hier nur Astieria (Abb. 85) und

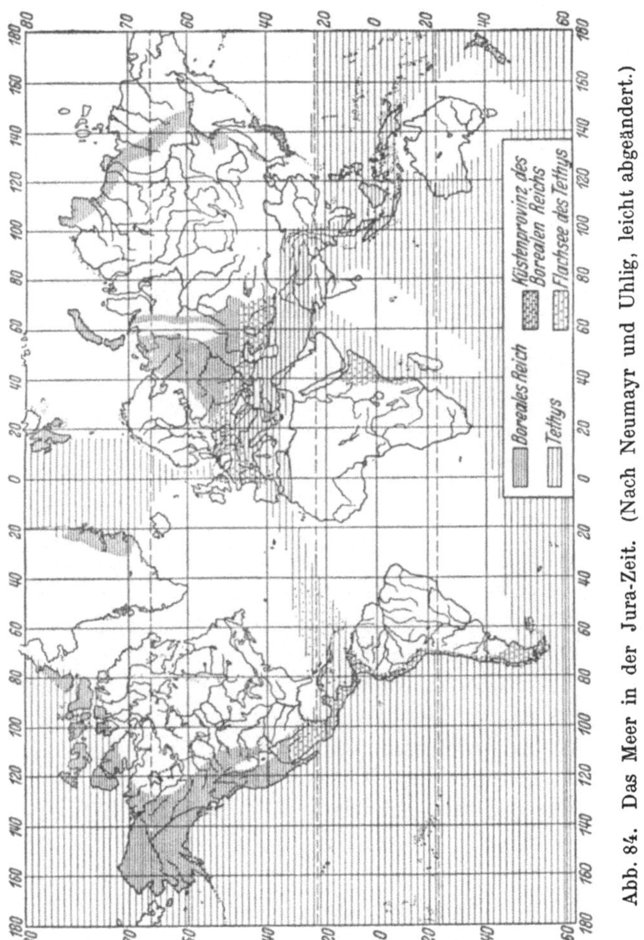


Abb. 84. Das Meer in der Jura-Zeit. (Nach Neumayr und Uhlig, leicht abgeändert.)

Hoplites (Abb. 86) für die untere, Schloenbachia (Abb. 87) für die obere Kreide nennen. Zu den „normalen" Ammoniten treten „irreguläre" Formen, wie Crioceras (Abb. 88) und Bostrychoceras (Abb. 89). Belemniten bleiben häufig.

Zu Beginn der Kreidezeit war das Meer (Abb. 92) im heutigen Mittel- und Nordeuropa stark zurückgegangen, trat aber an manchen Orten wieder über seine Ufer. *Eine ge-*

*waltige Transgression setzte mit dem Beginn der oberen Kreide ein,* und zwar in allen Kontinenten. Wahrscheinlich sind die Kontinentalmassen zu *keiner* Zeit der Erdgeschichte umfassender vom Meere erobert worden. Überall, im Ruhrkohlenrevier wie in Sachsen und im Bayerischen Wald, in den Ardennen und Böhmen, in Rußland, Schweden, England, Frankreich, Spanien, in ganz Südasien, Kleinasien und Palästina, in Arabien und Afrika, in Japan und Nord- und Südamerika, auf Madagaskar und in Australien, liegen Schichten des Cenomans, der ältesten Abteilung der Oberkreide, unmittelbar auf viel älteren Gesteinen! Gegen Ende der Kreidezeit trat wieder ein Rückzug ein.

In der unteren Kreidezeit sind im Osten Brasiliens und im Westen Afrikas zum ersten Male Meeresschichten vorhanden. Damit scheint der Zerfall des großen Südkontinents, der große Teile von Afrika und Südamerika umfaßte, zu beginnen und der südliche Atlantische Ozean der Gegenwart sich anzulegen. Die *Klima-Unterschiede* der Jurazeit bestanden weiter; aber die Grenzen zwischen „nördlicher" und „südlicher" Entwicklung verschoben sich etwas nach Süden. Riffbildende Korallen lebten nicht mehr in den Meeren, die das heutige Mitteleuropa bedeckten; ihre nördliche Verbreitungsgrenze lag in der Gegend der heutigen Alpen. Mit ihnen fehlten so gut wie ganz die eigenartigen festgewachsenen Zweischalergruppen der Rudisten (Abb. 90) und ihrer Verwandten, die in südlicheren Meeren förmliche „Riffe" bauten;

Zu nebenstehenden Abbildungen:

Abb. 85. Astieria. Ammonit der unteren Kreide. (Nach Kayser. $^{2}/_{3}$.)
Abb. 86. Hoplites. Ammonit der unteren Kreide. (Nach Kayser. $^{2}/_{3}$.)
Abb. 87. Schloenbachia. Ammonit der oberen Kreide. (Nach Kayser. $^{2}/_{3}$.)
Abb. 88. Crioceras. „Irregulärer" Ammonit aus der unteren Kreide. (Nach Kayser. $^{2}/_{3}$.)
Abb. 89. Bostrychoceras. „Irregulärer" Ammonit aus der oberen Kreide. (Nach Kayser. $^{1}/_{3}$—$^{1}/_{4}$.)
Abb. 90. Hippurites *(a)* und Radiolites *(b)*. Abweichend gestaltete Muscheln („Rudisten") der Kreide, südliche Meeresprovinz. (Nach Zittel und S.P.Woodward aus Stromer. Hippurites $^{1}/_{2}$, R. etwas verkleinert.)
Abb. 91. Inoceramus. Muschel aus der oberen Kreide. (Nach Zittel aus Stromer. $^{1}/_{2}$.)

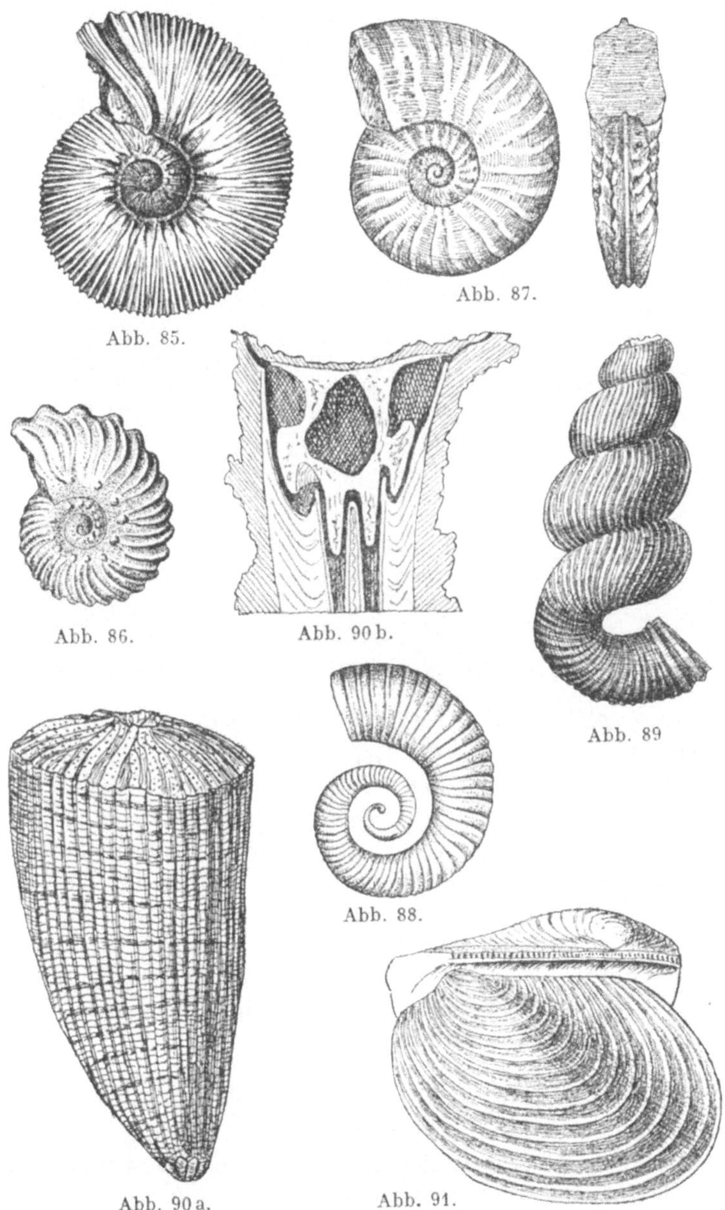
Abb. 85.
Abb. 87.
Abb. 86.
Abb. 90 b.
Abb. 89
Abb. 88.
Abb. 90 a.
Abb. 91.

es fehlten ferner viele Ammoniten und Belemniten, dickschalige Schnecken und große Protozoen. Die gleichen Unterschiede machten sich auch im heutigen Nordamerika überall geltend. Im übrigen bestand die Tethys in ähnlicher Ausdehnung weiter wie in der Jurazeit.

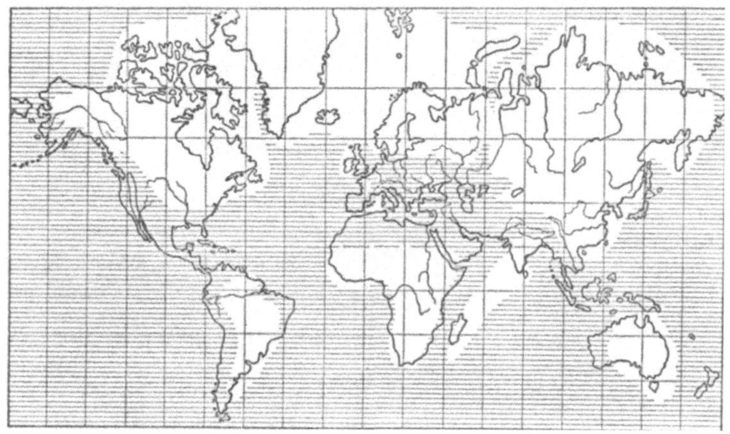

Abb. 92. Das Meer in der Kreidezeit. (Nach Salomon.)

## c) Die Erdneuzeit (Neozoikum).

Die Annäherung an die Gegenwart wird in den *Meeren der Erdneuzeit* zunehmend deutlicher. Einmal nehmen die weiträumigen Überflutungen der heutigen Festländer ab; an ihre Stelle treten mehr örtliche, wenn auch manchmal recht bedeutende Transgressionen. Ferner nähert sich die Tierwelt immer deutlicher der Gegenwart; die ersten noch lebenden Arten erscheinen mit dem Beginn des neozoischen Zeitalters und nehmen rasch zu. Alle Ammoniten und Belemniten, unter den Muscheln Inoceramus und die eigenartigen Rudisten sind vor dem Beginn des Tertiärs ausgestorben. Die Brachiopoden gehen sehr stark zurück; dafür entfalten sich Muscheln und Schnecken zu großem Formenreichtum. (Das Zeitalter der Reptilien ist vorbei; es beginnt das Zeitalter der Säugetiere. Die Blütenpflanzen haben mit der oberen Kreide ihr Vordringen begonnen.)

## Das Tertiär.

Die Annäherung an die Gegenwart ist vor allem in der Tierwelt zu spüren; Muscheln und Schnecken spielen die Hauptrolle. Weltweit verbreitete Leitfossilien nach der Art der Ammoniten fehlen, da Muscheln und Schnecken meist stärker an die Fazies gebunden sind und diese fast überall ungemein rasch wechselt (Bodenbewegungen). Dazu kommt, daß die Verteilung der Meere und Kontinente nach und nach der gegenwärtigen immer näher kommt, sodaß die Verbreitung von Meeresablagerungen auf den heutigen Kontinenten immer mehr abnimmt. Man ordnet tertiäre Schichten daher nach der Menge der darin gefundenen Arten ein, die heute noch weiterleben, und für die Einteilung kommen, mit Annäherung an die Gegenwart, immer mehr Tiere des Festlandes in Frage, da Meeresschichten auf den Festländern immer mehr abnehmen. Bodenbewegungen machen sich stark geltend; Brack- und Süßwasserablagerungen, zwischen solche des Meeres eingeschaltet, und die Seltenheit langandauernder Meeresbedeckung am gleichen Platze zeigen die Unruhe der Erdrinde, die in der zweiten Hälfte der Tertiärzeit mit der Auffaltung des Alpensystems ihren Höhepunkt erreicht. Viele Meeresbuchten werden später als Binnenseen vom Meere abgetrennt und fallen der Aussüßung durch Regen und Flüsse und der Auffüllung anheim.

Die *Tethys*, das ostwestliche „Urmittelmeer", bestand während der älteren Tertiärzeit (Abb. 95, 96) noch fort und reichte, wie vorher, vom heutigen Atlantischen Ozean über das jetzige Mittelmeergebiet und Südasien bis zum Pazifischen Ozean. Seine Tierwelt unterschied sich von der der nördlichen Meere vor allem durch die ungeheure Massenhaftigkeit der *Nummuliten* (Abb. 93), großer Foraminiferen, die an sehr vielen Orten des Tethysgebietes als Flachwasserbodentiere gesteinsbildend auftraten, während sie nach Norden hin nur mit kleinen Arten vorkamen oder ganz fehlten. *Alveolina* (Abb. 94) war eine weitere Protozoenform der Tethys, die nur im Eocän lebte. Riffbildende Korallen zogen sich während des Alttertiärs weiter nach Süden zurück. Das *Nordmeer* griff in der Eocänzeit von Norden her in Buchten nach Mitteleuropa über; die größte dieser Buchten war das „Pariser Becken“. Im Oligocän transgredierte das Nordmeer über das heutige Norddeutschland, die Niederlande und Belgien sowie nach Osten weithin über Südrußland. Auch das Südmeer griff nach Norden in die nachmalig weiter vertiefte rheinische Tiefebene ein und stand zur Zeit der größten Verbreitung durch eine Meeresstraße mit dem Nordmeer unmittelbar in Verbindung. Nach dem Fortfall der Verbindung mit dem Meere entstand das „Mainzer Becken“, das von Flüssen ausgesüßt und aufgefüllt wurde.

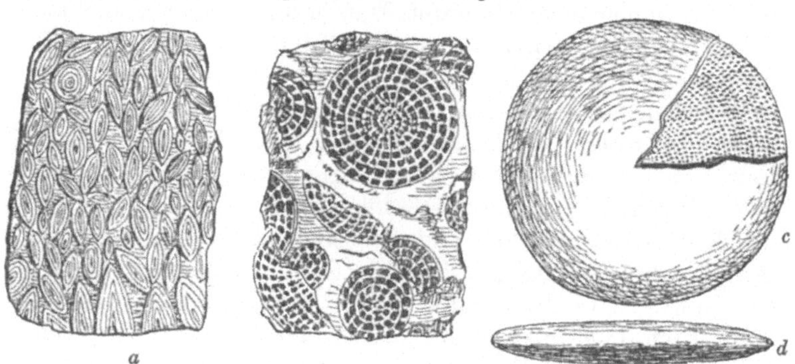


Abb. 93 *a—d*. Nummulites. Protozoe aus der Tertiärzeit, südliche Meeresprovinz. (Nach Zittel.)

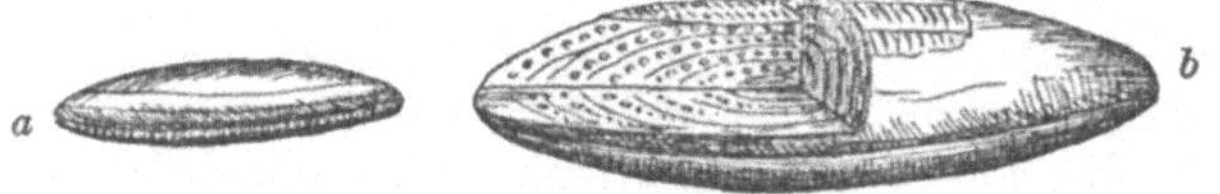


Abb. 94 *a* und *b*. Alveolina. Protozoe aus der Tertiärzeit. (Nach Zittel. Links etwa $^6/_1$, rechts sehr stark vergrößert.)

Im Miocän (Abb. 97) waren nur noch Küstengebiete vom Nordmeer bedeckt. Dagegen griff ein Arm der Tethys in der Gegend des späteren Rhonetals nach Norden um die entstehenden Alpen und Karpathen herum weithin nach Osten und Südosten und schuf das „Wiener“ und das vielteilige „pannonische“ Becken, die, schon bald vom offenen Meere abgetrennt, allmählich ausgesüßt wurden und zum großen Teil verlandeten. Erst südlich von einer Landbrücke, die durch Alpen, Balkan, Kleinasien gebildet wurde, lag

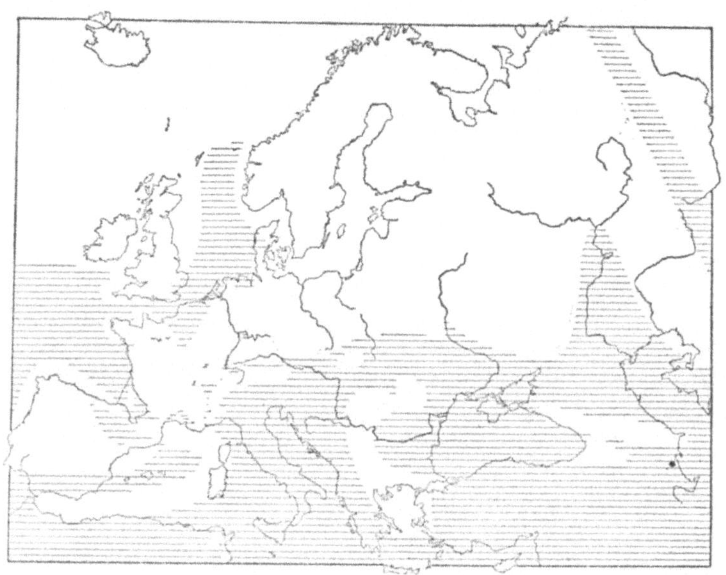

Abb. 95. Das Meer in der Eocänzeit. (Nach Kayser.)

Abb. 96. Das Meer in der älteren Oligocänzeit. (Nach Kayser.)

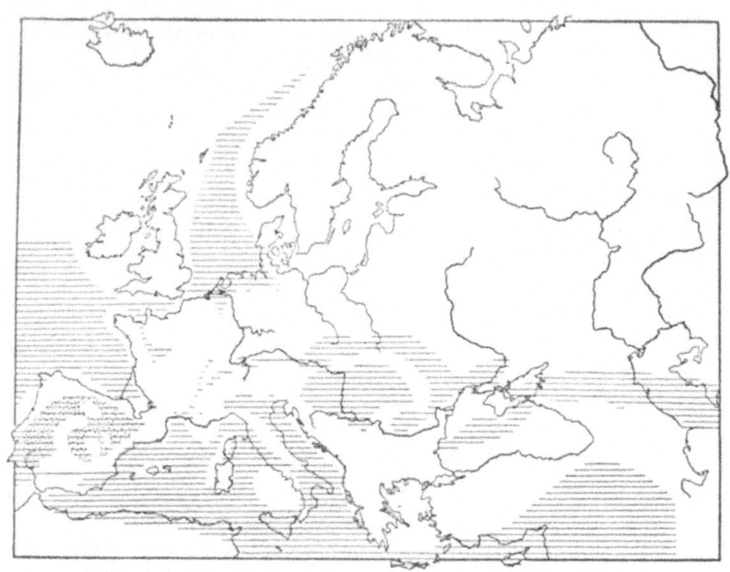

Abb. 97. Das Meer in der Miocänzeit. (Nach Kayser.)

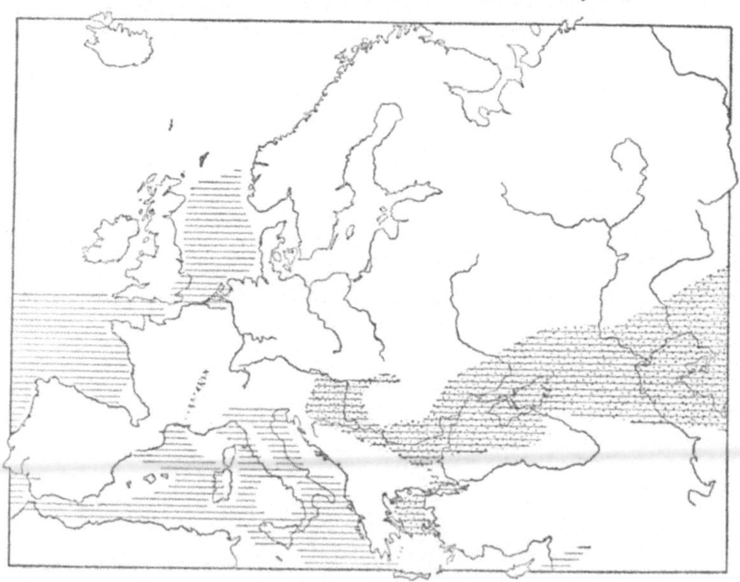

Abb. 98. Das Meer in der Pliocänzeit. (Nach Kayser.)

die eigentliche Tethys, die im Laufe des Miocäns allmählich zum heutigen Mittelmeer zurückging, indem die Verbindung mit dem Indischen Ozean aufhörte. Korallenriffe waren nördlich nur noch bis Malta und Kleinasien vorhanden, d. h. die von Norden vorrückende Abkühlung machte weitere Fortschritte. Die Landkerne von Nord- und Südamerika, die schon im Oligocän getrennt waren, blieben zunächst getrennt, und erst im Laufe des Miocäns entstand die heutige Landbrücke von Panama.

Im Pliocän (Abb. 98) zog sich das Meer im Norden noch weiter auf schmale Küstensäume zurück; das spätere England blieb noch mit dem Kontinent verbunden. Im Süden war der größte Teil des heutigen Italiens vom Meere bedeckt, und zwischen Kleinasien und dem Balkan bestand eine breite Landbrücke. Die Straße von Gibraltar entstand während der Pliocänzeit; vorher hatten andere Verbindungen zwischen Atlantik und Mittelmeer bestanden. Auch in den übrigen Kontinenten bleiben Meeresablagerungen aus pliocäner Zeit auf die Randgebiete beschränkt.

## Das Quartär.

Diluviale Meeresablagerungen finden sich nur noch ausnahmsweise auf den heutigen Festländern, denn die Verbreitung der Meere war nicht mehr wesentlich von der heutigen verschieden. Die Meeresstraße zwischen England und dem Festland bestand allerdings noch ebensowenig wie die heutige Nordsee; beide entstanden erst durch langsame Senkung im Verlaufe des Diluviums. Meeresablagerungen finden sich heute nahe der Nord- und Ostsee; ihre Molluskenfaunen lassen eine zeitweilig breite Verbindung mit dem Eismeer erkennen, die Skandinavien in eine Insel verwandelte. Auch eine Verbindung zwischen Kaspi und Eismeer wird durch Relikte im Kaspi wahrscheinlich gemacht, ebenso ein Übergreifen des Eismeers nach Nordrußland und Nordsibirien durch Funde von Resten arktischer Meerestiere. Marine Ablagerungen von irgendwelcher Bedeutung aus dem Alluvium endlich kennen wir auf keinem der heutigen Festländer; Festland und Meer hatten die gegenseitige Begrenzung der Gegenwart erreicht. Mit anderen Worten: die Zeit des Quartärs ist zu kurz, als daß sich die ununterbrochen weitergehenden Verschiebungen schon deutlich bemerkbar machen könnten.

Aus der ganz kurzen und notgedrungen schematischen Darstellung unseres Wissens von der Verbreitung vorzeitlicher Meere lassen sich einige Tatsachen und Fragen erkennen.

1. *Die Erdoberfläche ist ruhelos,* und ihr Gesamtbild zeigt uns unsere kleinen menschlichen Zeiten und Begebenheiten in ihrer Nichtigkeit. Das Meer dringt vor und weicht zurück, als ob — mit einem ins Unendliche verkürzenden Zeitraffer gesehen — der Boden aus Gummi bestände und bald hier, bald dort gesenkt oder gehoben würde. Die Übergriffe des Meeres (Transgressionen) und seine Rückzüge (Regressionen) fallen so oft mit dem Auftreten neuer Tierformen, d. h. mit den Marken der heute gebräuchlichen Zeiteinteilung, zusammen, daß der Gedanke verständlich ist (der besonders in Amerika vertreten wird), die Trans- und Regressionen selbst, statt der tierischen Reste, als Zeitmarken für die Einteilung der Erdgeschichte zu wählen. Das ist schon von verschiedenen Seiten angebahnt worden; da aber viele Vorstöße und Rückzüge des Meeres nicht gleichzeitig auf der ganzen Erde auftreten, so verdienen die Versteinerungen einstweilen noch den Vorzug.

2. *Bewegungen in der steinernen Kruste* der Erdkugel geben Anlaß zu den Wanderungen der Meere; die Ursache der Ruhelosigkeit liegt im Erdinnern. Meist sind es unendlich langsame, weiträumige Hebungen und Senkungen, deren Ursache heute allgemein in der unstarren Nachgiebigkeit tieferer Schichten des Erdballs gesucht wird. Belastung eines Erdkrustenteils läßt ihn sinken, Entlastung ihn aufsteigen — es genügt, an die ständigen großen *Transporte von Gesteinsmaterial* durch das fließende Wasser zu erinnern, um *einen* Weg zur Entstehung solcher Gewichtsverschiebungen zu sehen, die, einmal begonnen, ständig weitergehen müssen, bis ein Ausgleich erzielt ist. Die Bewegungen des Ostseegebietes (vgl. Abb. 6 und 10) werden darauf zurückgeführt,

daß die *Inlandeismassen,* die Skandinavien in der Eiszeit trug, abgeschmolzen sind und das Land entlastet haben, so daß es sich jetzt hebt. Noch stärker müssen naturgemäß *gebirgsbildende Bewegungen* auf den nachgiebigen Untergrund einwirken. Ihre Ursache wird verschieden gedeutet; aber die in (geologisch gesprochen) kurzer Zeit erfolgende Zusammendrängung gewaltiger Gesteinsmassen auf einer schmaleren Zone *muß* Verschiebungen in der Tiefe zur Folge haben, wo nachgiebige Massen ausweichen und ihre Bewegung auf andere Gegenden übertragen. Wieweit kosmische Ursachen für Verschiebungen und „Strömungen" im nachgiebigen Erdinnern in Frage kommen, ob ferner nicht Kräfte in der Tiefe selbst von Zeit zu Zeit erwachen, ist unbekannt. Aber es ist sicher, daß die Wanderungen der Meere eine Folge von Bewegungen der Erdrinde, diese wiederum eine Folge von Verschiebungen im Erdinnern sind, und daß jede, auch die kleinste Änderung, wieder die Ursache zu neuen Änderungen in sich birgt. *Jede Wirkung ist gleichzeitig Ursache neuer Wirkungen,* mag ihre Richtung in die unendliche Ferne gehen oder sich zum Kreis schließen. Gleichgewicht in der Erdhülle kann nie erreicht werden, solange Zerstörung und Aufbau auf der Erdoberfläche weitergehen.

Bodenbewegungen äußern sich im Vorhandensein oder Fehlen von Meeresablagerungen, die das „Wandern der Meere" ausdrücken. Die Tatsache, daß gelegentlich *sehr mannigfache Fazies auf begrenztem Raume nebeneinander* vorkommen, spricht für ein *unruhiges* Relief des Meeresbodens. Wenn z. B. oberdevonische Ablagerungen in der heutigen Lahn- und Dillgegend nebeneinander aus schwarzen bituminösen Kalken, hellen Riffkalken und roten Knollenkalken, Tonschiefern, Sandsteinen, Tuffen und anderen Gesteinen bestehen, so kann das nur daher rühren, daß zur Oberdevonzeit dort geringere und größere Meerestiefen nebeneinander lagen — und wenn in einer vorangehenden Zeit die Ablagerungen gleichförmiger waren, so ist damit eine *Zunahme der Bodenunruhe* bewiesen. So kann man oft aus dem Studium der Meeresablagerungen nicht nur die Natur früherer Meere, sondern auch den Beginn tektonischer Ereignisse ablesen, deren Größe durch nichts deutlicher gemacht werden kann als durch ein Flachmeergestein, das heute den Gipfel eines hohen Berges bildet (Abb. 99)!

3. In unserer Übersicht der Meere der Urzeit war nirgends von *Tiefseegesteinen* die Rede. In der Tat sind eigentliche Tiefseeablagerungen auf den Festländern kaum bekannt geworden, wenngleich man einige Gesteine kennt, die in

Abb. 99. Berge aus Nummulitenkalk. Die beiden Bergspitzen in der Mitte des Bildes, der Reifrand Nollen links (3012 m) und der Große Wendenstock rechts (3044 m), aus der Titlis-Kette in den Schweizer Alpen, bestehen aus Nummulitensandstein (Abb. 93 *a*—*d*). Diese Schichten bildeten also noch in der Tertiärzeit den Meeresgrund und wurden nachher zu ihrer Höhenlage gehoben. Sie werden jetzt durch die Verwitterung zu schroffen Formen modelliert und ihre Trümmer allmählich ins Meer zurückgetragen.

größerer Meerestiefe abgelagert sein müssen. Demnach sind fast nur *Flachmeer*überflutungen über die Kontinente gewandert; Festland war nie Tiefseeboden, Tiefsee nie Festland — mit anderen Worten: die großen Meerestiefen hätten während der ganzen Erdgeschichte dort gelegen, wo sie heute liegen. Diese „*Permanenz der Ozeane*" ist bis in die letzte Zeit eine Streitfrage geblieben. Nach unseren Meereskarten soll z. B. dort, wo heute der Südatlantik liegt, der große „Südkontinent“ gewesen sein, der Afrika und Brasilien verband oder besser: zu dem beide gehörten; wie ist das möglich, wenn dort immer Tiefsee war, und wo waren die Wassermassen, die heute dort stehen? Die Untersuchung der Tiefseetiere spricht dafür, daß sie erst seit dem Erdmittelalter das Flachmeer verlassen und in die Tiefsee eingewandert sind, während Tiere aus dem Erdaltertum in der Tiefsee fehlen, sodaß es scheinen könnte, als ob die Entstehung der Tiefsee erst im Erdmittelalter begonnen hätte. Sofort erhebt sich die gleiche Frage: Wo war bis zu dieser Zeit die ungeheure Wassermenge, die heute die großen Tiefseebecken füllt und die viel zu groß ist, als daß sie etwa in den verhältnismäßig flachen Überflutungen der Kontinente gesteckt haben könnte? Dürfen wir annehmen, daß seit dem Kambrium die gleiche Wassermenge auf der Erde vorhanden war, oder hat sich die Wassermenge seit der Herausbildung der großen Meerestiefen, die ja gewaltige Mengen aufnahmen, vermehrt? Woher kam diese Vermehrung?

Hier greift die *Kontinental-Verschiebungstheorie* ein. Nach ihr *schwimmen die Kontinente* als riesige Schollen, die wesentlich aus den leichten Elementen Silizium und Aluminium (Kieselsäure und Tonerde) bestehen, auf schwererem vulkanischem Tiefengestein aus Silizium und Magnesia (Eduard Sueß hat daraus die Merkworte „Sal“ für die äußere, „Sima“ für die innere Hülle um den Nickeleisenkern „Nife“ geprägt). Die Erdbebenkunde glaubt, eigenartige Erscheinungen bei der Fortpflanzung der Erdbebenwellen durch die Erde hindurch nur so erklären zu können, daß zwischen dem Nifekern (der in 1450 km Tiefe liegt) und der äußeren leichteren Kruste eine Magmazone vorhanden sein müsse. Auch der Unterschied zwischen dem durchschnittlichen spezifischen Gewicht der Kontinentalgesteine mit 2,8 und dem berechneten des Erdinnern mit 7 scheint zu groß, als daß hier nicht eine mittlere „Übergangszone“ vorhanden sein müßte. Wenn die Kontinente aber schwimmen, so können sie, insbesondere bei Änderungen der Stellung der Erdachse, „Polverlagerungen“, ihren Platz nicht behalten, sondern müssen wandern. So wäre Nord- und Südamerika in einer Westwanderung, von Europa—Afrika weg, begriffen — früher hätten die Kontinentalmassen nebeneinander gelegen oder wären noch früher sogar einheitlich gewesen, und diese Wanderung oder „Drift" ließe sich sogar heute noch maßstäblich nachweisen!

Danach müßten alle bisherigen Erdkarten aus der Urzeit mit ihren Kontinentalverbindungen, die ja ohnehin nur schematische Darstellungen unseres jeweiligen Wissens sind, geändert werden. Die kühne Hypothese erlaubt die Annahme der *gleichen Wassermenge* seit dem Kambrium und der Permanenz der größten Tiefen des Stillen Ozeans. Allerdings würden dann nur die Tiefen des Atlantik so jung sein, wie es die Untersuchung der Tiefseetiere für *alle* Tiefen zu fordern scheint. Zur Zeit sieht es aus, als ob auf der einen Seite genaue Messungen, auf der anderen neue entwicklungsgeschichtliche Untersuchungen der Tierwelt nötig wären, um eine der größten Fragen der Erdgeschichte der Lösung näherzuführen.

4. Immer wieder ist in unserer Schilderung der Meere von der „Tethys" die Rede gewesen, jenem Urmittelmeer, das ostwestlich vom Atlantik zum Pazifik reichte und das durch den größten Teil der Erdgeschichte bestand. Hier müssen im Laufe der Zeiten gewaltige Massen von Ablagerungen zu Boden gesunken sein, die von Flüssen und Strömen in das Meer geschleppt wurden! Das ist in der Tat der Fall. Tausende von Metern Schichtgestein, die als Bodensatz im Meer entstanden, liegen z. B. in den Alpen übereinander, bei der Gebirgsentstehung gefaltet und durcheinandergeknetet. Unter diesen Gesteinen spielen Flachmeerablagerungen, wie überall auf den Kontinenten, die größte Rolle, und nur für wenige Gesteine kann die Entstehung in größerer Meerestiefe als wahrscheinlich gelten. Die Tethys war also, als ihre allmähliche Zufüllung von den Festländern her begann, Flachmeer und blieb es im wesentlichen durch ihre ganze Geschichte. Dann muß der Meeresgrund hier, wie in allen Gebieten gewaltiger Schichtenmächtigkeit, immer tiefer abgesunken sein, je mehr Gesteinsschutt von den Flüssen darauf abgelagert wurde. Man nimmt in der Tat an, daß es „bewegliche Zonen" der Erdrinde gab, die zur Entstehung

solcher „*Geosynklinalen*“, schmaler, sehr lange Zeiten bestehender Sammelgebiete von Ablagerungen, führten. Überall, wo nach und nach Tausende von Metern Flachmeerablagerungen übereinandergeschichtet wurden, müssen wir an solche Geosynklinalen denken. Die Tethys war eine solche (und wir studieren ihre Ablagerungen in den Alpen wie im Himalaja), aber auch das Devonmeer in der Gegend des heutigen Mitteleuropa. In beiden Gebieten sind die Schichtgesteine stark gefaltet, wenn auch das „variskische“ Gebirge, das in der Karbonzeit aus devonischen Meeresablagerungen aufgefaltet wurde und vom heutigen französischen Zentralplateau bis in die Gegend des jetzigen Schlesien und weiter reichte, zum großen Teil abgetragen und in einzelne Schollen (Rheinisches Gebirge, Harz, Thüringer Wald usw.) zerbrochen ist. Die Geosynklinalen, deren es eine ganze Anzahl gibt, sind „nicht nur *Sedimentsammler*, sondern auch *Gebirgsgebärer*“. Das nachgiebige Sima mag zuerst lange Zeit beiseitegedrängt worden sein, dann aber muß irgendwie die Tiefe zum Ausgleich gedrängt haben, und aus dem gefüllten Trog stieg ein langes schmales Faltengebirge auf. Bodenunruhen gingen voran, und ihre Zeit, die Zeit der ersten Auffaltungen der Schichten unter dem Meere, ist sicher auch die Zeit der tiefen schmalen Senken zwischen hohen Faltensätteln oder ruhigeren Flächen unter dem Meeresspiegel, d. h. die Zeit der wechselvollen Fazies. Hier konnten unmittelbar neben Absätzen mit allen Merkmalen von Tiefengesteinen (wenn nämlich die Zufuhr von Schuttmaterial vom Festland durch dazwischenliegende Aufwölbungen des Bodens abgeschnitten war) Flachmeerablagerungen entstehen, und ebenso konnten die Absätze der tiefen Gräben unmittelbar von tonigem Schlamm und grobem Sand zugedeckt werden, wenn die trennende Schranke fiel. Die Gebiete der früheren Geosynklinalen fallen im wesentlichen mit denen der heutigen und früheren Faltengebirge zusammen, und in diesen Gebirgen finden sich die mannigfaltigsten Sedimentgesteine in schroffem Wechsel neben- und übereinander, während die Ablagerungen der ungefalteten Gebiete sich eintöniger über weite Flächen erstrecken.

# Dritter Teil.

## Die Spuren urzeitlicher Meere in der Heimat.

Fast alle Erscheinungen, an denen man die frühere Anwesenheit und Art des Meeres wiedererkennen kann, sind auf deutschem Boden zu finden. Da sich Deutschland gleichzeitig ausgezeichneter geologischer Karten erfreut, da ferner viele vortreffliche geologische Führer durch die verschiedensten Gegenden geschrieben worden sind und auch das Wandern recht erleichtert ist, so hat jeder Gelegenheit, selbst die Gesteine kennenzulernen, die sich früher einmal als loser Schlamm oder Sand auf dem Meeresgrund absetzten und in denen heute die Reste der Tiere der jeweiligen Zeit stecken, oder die von Meerestieren aufgebaut wurden. So sollen *die deutschen Meeresgesteine* kurz durchgesprochen und bekannte oder besonders bezeichnende Fundstellen etwas eingehender gewürdigt werden.

Wenn wir sie zunächst nach den Lagerungsverhältnissen einteilen, so sind *alle Gesteine, die vor der permischen Zeit entstanden, gefaltet und in ihren Lagerungsverhältnissen stark gestört.* Denn im Devon begann eine gewaltige gebirgsbildende Epoche, die im Karbon ihren Höhepunkt erreichte und im Perm ausklang. Sie schuf das „variskische Gebirge", dessen Bruchstücke die deutschen Mittelgebirge sind. In ihnen, und nur in ihnen, können wir also in Deutschland auf kambrische, ordovicische, gotlandische, devonische und karbonische Meeresablagerungen rechnen. Die zweite Hälfte der permischen Zeit gehört in dieser Hinsicht schon zum *Erdmittelalter, dessen Schichten im wesentlichen ungefaltet* sind. Nur zwischen den alten Gebirgskernen und vor allem in den Alpen sind auch sie, wenn auch weniger stark, gefaltet. Ähnlich verhalten sich auch die erdneuzeitlichen Schichten. So gibt schon die Lagerung einen Anhaltspunkt, ob ein Gestein älter oder jünger als die Zechsteinzeit ist. Wir beschäftigen uns zunächst mit den Gesteinen und Versteinerungen aus den Meeren des Erdaltertums.

Man hat berechnet, daß von allen Schichtgesteinen, die sich am Aufbau der Erdrinde beteiligen, rund 76% tonig, 18% sandig und 6% kalkig sind. Tonige Gesteine bilden also über drei Viertel aller Sedimente, wobei Tonschiefer mit seinen Abarten als tektonisch gehärteter Ton, sandiger Ton, toniger Sand und entsprechend gehärtete Gesteine als Übergänge zu den sandigen Ablagerungen zu gelten haben, während kalkige Tone, Mergel und Mergelschiefer zu den kalkigen Ablagerungen hinüberführen. Alle tonigen Gesteine, die *vor* der permischen Zeit in Deutschland abgelagert wurden, sind zu Schieferton, Tonschiefer, Dachschiefer, Griffelschiefer usw. geworden, und auch in den noch stärker umgewandelten Glimmerschiefern und Phylliten stecken sicher manche früheren Tongesteine. (In Estland gibt es allerdings einen kambrischen oder gar vorkambrischen „blauen“ Ton, der knetbar geblieben ist, weil dort keine Gebirgsfaltung stattgefunden hat.) Ebenso gibt es in Deutschland keine unveränderten Sande aus paläozoischer Zeit, und auch die Kalke sind oft weitgehend verändert. Die Versteinerungen aus jenen alten Zeiten sind oft verdrückt und ausgewalzt, am stärksten die in tonigen Gesteinen, am wenigsten die in Kalk steckenden Tierreste. Ton ist am nachgiebigsten und erhält seine Formbarkeit durch sehr lange Zeit, Kalk erhärtet oft sehr schnell und schützt dadurch die Einschlüsse. Am besten erkennt man den Unterschied, wenn Kalkknollen oder Kalkbänke in tonigen Gesteinen liegen; in den Kalken sind die gleichen Arten oft ausgezeichnet und ohne Verdrückung erhalten, die man in den Tonschiefern usw. nur noch als flachgedrückte, oft hauchzarte Spuren oder Abdrücke findet. Eine Ausnahme machen vererzte Tierreste, d. h. solche, bei denen alle Hohlräume von Schwefelkies, gelegentlich auch anderen Erzen, erfüllt sind und die sich gerade in feinkörnigen Tonen oft finden. Offenbar fand die Vererzung schon *vor* der stärksten Zusammendrückung statt, so daß die harten Schwefelkieskerne kräftigen Widerstand leisten konnten. Sande und Sandsteine sind von mittlerer Nachgiebigkeit; je feinkörniger und tonreicher, um so leichter lassen sie sich umformen und pressen. Dagegen sind Sandsteine wasserdurchlässiger; sie lassen, wenn sie festländisch geworden sind, den Regen leicht durchsickern, und dieser löst, da er aus der Luft stets etwas Kohlensäure, aus dem „Humus" oft noch weitere Säuren mitbringt, alle Kalkschalen nach und nach auf (Kieselgerüste und Knochen sind widerstandsfähiger). War der Sand vorher gehärtet, so blieb ein Hohlraum in der Form des verschwundenen Restes bestehen, der oftmals in großer Schärfe Innen- und Außenabdruck (Steinkern und Abdruck, Abb. 56) wiedergibt. Solche Hohlräume in harten sandigen Gesteinen führen den Sammler oft auf die erste Spur von Versteinerungen. Lockerer Sand dagegen fällt nach der Auflösung der Einschlüsse zusammen, die Hohlformen verschwinden, und damit werden die Spuren mehr oder minder undeutlich bis zum vollkommenen Verlöschen. So erhalten kalkige Absätze Form und Struktur am vollständigsten; in Sandsteinen ist Struktur und Material oft verschwunden, dafür aber geben scharfe Steinkerne und Abdrücke oft Einzelheiten der Hartteile besser wieder als die im Kalk sitzenden Schalen, die sich oft nur schwer aus dem Gestein lösen lassen. Versteinerungen in tonigen Ablagerungen sind meist am stärksten verdrückt, aber oft mit den allerzartesten Einzelheiten erhalten, die sich zwar auch in sehr feinkörnigen Kalken gelegentlich finden, sich aber meist nicht gut herauslösen lassen. Beim Sammeln in Sandsteingebieten achte man besonders auf löcherige Bänke, im Schiefer auf dunkel gefärbte, dünnplattige Lagen, die oft Kalkknollen enthalten, in Kalken auf die angewitterten Oberflächen. In allen Fällen sind Halden von Steinbrüchen und Bergwerken, Bahneinschnitte usw. zu empfehlen, wo oft Stücke der versteinerungsführenden Bänke, vom Regen gut abgespült und leicht kenntlich, umherliegen. Aus mächtigen Schieferlagern hat die Verwitterung häufig die festeren kalkigen oder kieseligen Knollen, aus weichen Mergeln oder Mergelschiefern oft gut erhaltene Versteinerungen freigelegt.

Die ältesten deutschen Versteinerungen, aus dem Unterkambrium, sind erst in den allerletzten Jahren beschrieben worden, ein Zeichen, wieviel es in Deutschland noch zu finden gibt! Sie stammen aus der Nähe von Görlitz, und von jener Zeit ab sind alle geologischen Epochen bei uns mit Meeresablagerungen vertreten, mit Ausnahme des Rotliegenden und des größten Teils der Triaszeit. Die Unterschiede zwischen den Gesteinen und Tierresten aus den Meeren des frühen Erdaltertums und denen jüngerer Erdzeiten werden bei uns durch die sehr lange Festlandzeit, die von der Mitte des Karbons bis zum Beginn der Juraüberflutung dauerte, stark unterstrichen und durch die Binnenmeereinbrüche zur Zechstein- und Muschelkalkzeit kaum gemildert. Denn die Ablagerungen und Bewohner dieser räumlich begrenzten Flachmeere weichen stark von denen des eigentlichen offenen Ozeans ab. Die Meeresablagerungen auf deutschem Boden bis zur Karbonzeit tragen alle Merkmale der übrigen „atlantischen Meeresprovinzen". Sie entstanden in einem Geosynklinalmeer, in dem besonders während der Devonzeit ungeheure Massen von Ablagerungsprodukten benachbarter, hauptsächlich im Norden gelegener Festlandmassen zu Boden sanken. Aus diesem Meer stieg dann das variskische Gebirge auf, mit ständig gesteigerter Unruhe des Meeresbodens in devonischer Zeit beginnend und mit Festwerdung von fast ganz Mitteleuropa im Karbon seinen Höhepunkt erreichend.

Eigentliche *Küstenbildungen* sind meist nicht erhalten und daher überall selten. Grobe Konglomerate finden sich beim Beginn der devonischen Meereszeit, die an manchen Stellen auf älteres Land übergriff, besonders in den Ardennen, in der älteren Devonzeit selbst im Kellerwald, und mit zunehmenden Bodenbewegungen im Oberdevonmeer in Schlesien und im Karbon im Harz. Kleinere Diskordanzen sind, wie in allen Geosynklinalmeeren, weit verbreitet, aber oft durch die Gebirgsfaltung verwischt und schwer zu sehen. Vielleicht ist auch die eigentümliche „Algenkohle" im Unterdevon der Eifel als zusammengeschwemmtes Küstenstrandgut zu deuten. Ferner sind hier die dunklen Schiefer mit Goniatiten und dünnen Zweischalern zu nennen, die im schlesischen und westfälischen Karbon zwischen den Steinkohlenflözen eingeschaltet vorkommen: hier brach das Meer von Zeit zu Zeit in die Steinkohlensümpfe der Küstengebiete ein und lagerte dunklen Schlamm ab.

Sandsteine, Quarzite, Grauwacken, alle jene vorzugsweise aus abgerollten Quarzkörnern aufgebauten, im Meeresbereich so gut wie ganz an das *Flachmeer* gebundenen Gesteine sind weit verbreitet. In kambrischer und silurischer Zeit treten sie gegenüber tonigen Schichten mehr in den Hintergrund; im Devon aber spielen sie eine große Rolle, insbesondere im rheinischen Gebirge und im Harz. Die Namen „Grauwackengebirge", „Spiriferensandstein", „Taunus"- und „Koblenz"-Quarzit, „Lenneschiefer", „Pönsandstein" u. a. m. bezeichnen sämtlich *sandige Flachmeergesteine* von z. T. gewaltiger, nach Tausenden von Metern zählender Mächtigkeit aus den devonischen Meeren. Kalksandsteine mischen sich darunter, ja manche „Grauwacke", mancher „Sandstein" von heute mag wohl als Kalksandstein entstanden sein und erst später, durch auslaugende Regenwässer, seinen Kalkgehalt verloren haben. Auch später, als in der ersten Hälfte der Karbonzeit schon an vielen Orten das Festland auftauchte, wurden noch mächtige Grauwacken an den Rändern des rheinischen Gebirges und in der Gegend des heutigen Harzes, von Magdeburg und in Schlesien abgelagert. Die Hauptversteinerungen sind fast überall Brachiopoden.

Noch weiter verbreitet sind *tonige Gesteine*; sie wechseln an manchen Orten mit Sandsteinen ab oder zeichnen sich durch wechselnden Sandgehalt aus und gehen an anderen Orten durch Kalkgehalt in Mergel über. Sandige Tonschiefer im Kambrium und Ordovicium des Vogtlandes und Thüringens (oft in Phyllite umgewandelt), die „Siegenerschichten" im Kern des rheinischen Gebirges, ungezählte tonige Lagen im „Grauwackengebirge" des ganzen Rheinlandes, vermutlich auch die Posidonienschiefer des älteren Karbons gehören der eintönigen küstennahen Flachmeerfazies an, die mit sandigen Gesteinen überall eng verknüpft ist und sich auch in den Versteinerungen nur unwesentlich von den reineren Sandablagerungen unterscheidet. Reinere Dach- und

Griffelschiefer im Kambrium des Hohen Venn, im Ordovicium von Thüringen, Vogtland und Franken, die „Hunsrückschiefer" des rheinischen Devons enthalten dagegen fast keine Brachiopoden, dafür z. T. große Trilobiten und gelegentlich Seelilien und verkieste Goniatiten; man darf sie vielleicht als küstenfernere Ablagerungen auf dem Schelf oder hemipelagische, dem Blauschlick entsprechende Gesteine auffassen. Auch feinkörnige kalkige Schiefer oder Tonschiefer mit eingelagerten Kalkbänkchen oder Kalkknollen, wie sie sich z. B. im Mitteldevon des öst- und nördlichen rheinischen Gebirges und des Harzes vielfach finden, sind wohl küstenfernere Ablagerungen; sie enthalten oft eigenartige, der eigentlichen „rheinischen" Meerestierwelt fremde Faunen von Trilobiten und anderen Tieren, die sonst mehr im offenen Meere (in der Gegend des heutigen Böhmens usw.) lebten. Nahe den Korallenriffen finden sich oft sehr versteinerungsreiche Mergel, vor allem in der heutigen Eifel. Nach Nordwesten hin sind die Flachmeergesteine vielfach rot gefärbt, und die Verbreitung dieser Farbe nimmt mit Annäherung an den alten Nordkontinent zu, wo damals in erster Linie rote Sande und Tone entstanden und von Flüssen ins Meer transportiert wurden.

Eine *Sonderbesprechung* verdienen manche eigenartige, z. T. noch unerklärte tonige Ablagerungen, die zeigen, wie wenig wir eigentlich von den Meeresablagerungen noch wissen. Auch hier versagt manchmal das aktualistische Prinzip, das sich ja in vollem Maße nur bei vollkommener Gleichheit aller äußeren Bedingungen anwenden läßt. Da sind in erster Linie die *Graptolithenschiefer* zu nennen, schwarze Schiefer, auf deren Schichtflächen zu Tausenden jene feinen, mattglänzenden, gezähnelten Streifchen liegen, die wir kennengelernt haben. Sie finden sich im Gotlandium von Schlesien, Sachsen, Thüringen, Franken, im Harz, Kellerwald und rheinischen Gebirge, gelegentlich mit kieseligen, seltener sandigen und kalkigen Ablagerungen und sind wohl meist in küstenferneren Gegenden, gelegentlich aber auch landnahe, im Flachmeere entstanden. Man könnte an das heutige Sargassomeer denken, wo die massenhaft umhertreibenden Algen mit allen möglichen zarten Tieren besetzt sind. So mögen damals auch Graptolithenkolonien an Algen gesessen haben, freischwimmende in dichten Scharen, den Medusen ähnlich, als Plankton umhergetrieben und durch wiederholte Temperaturwechsel des Wassers in ungeheurer Masse abgestorben und zu Boden gesunken sein, wo sie mit reichlich vom Lande kommendem, tonigem Material (von Strömen oder vom Winde hineingetragen) die eigenartigen Gesteine aufbauten. Rätsel genug bleiben hier zu lösen, vor allem die Hauptfrage: Wie kommt der plötzliche Artwechsel zustande, der im englischen Gotlandium allein 26 Graptolithenhorizonte zu unterscheiden ermöglicht, von denen viele sich in ganz Europa in gleicher Reihenfolge wiedererkennen lassen? Woher kommt das fast vollkommene Fehlen anderer Tiere in den Graptolithenschiefern, das durch nachträgliche Auflösung nicht vollkommen zu erklären ist? Eigenartig sind auch jene sehr *feinkörnigen Tonschiefer*, in denen *zwergenhaft kleine Goniatiten* mit kleinen Muscheln, Schnecken usw. liegen, die vollkommen mit Schwefelkies erfüllt sind. Typisch sind dafür die Wissenbacher Dachschiefer im Nassau und im Harz, die dunklen Mergelschiefer von Büdesheim in der Eifel und die Schiefer von Nehden in Westfalen; etwas Ähnliches mag auch in den Alaunschiefern des Karbons stecken. Es handelt sich wohl sicher, wie bei den vorhin erwähnten Dachschiefern, in denen Verkiesung der Tierreste gleichfalls nicht selten ist, um Ablagerungen in stillem, nicht sehr tiefem Wasser; aber die Kleinheit der tierischen Reste (die wir in tonigen Ablagerungen des Jurameeres wiederfinden) ist nur schwer zu erklären. Vielleicht kann man an Massentod jugendlicher Tiere denken, die an geschützten Stellen lebten und durch untermeerische Ausbrüche von Schwefelwasserstoffgas getötet wurden (analog dem von Zeit zu Zeit sich wiederholenden Fischsterben in der Walfischbucht). Man kann auch an sortierende Arbeit von Meeresströmungen denken; wir wissen aber zuwenig, um eine sichere Entscheidung treffen zu können. Von den Schiefern mit verkiesten Versteinerungen führt der gedankliche Weg zu jenen *Schwefelkieslagern*, wie sie in unterdevonischen Schichten des Rammelsbergs am

Harz, in mitteldevonischen bei Meggen an der Lenne stecken. Sie werden heute von fast allen Forschern für „syngenetisch", d. h. für gleichzeitig mit den normalen Absätzen, und zwar auch als Sediment entstanden gehalten, ebenso die mit ihnen verbundenen *Schwerspatlager*. Man kennt Schwerspatknollen auf dem jetzigen Meeresgrund, und Schwefelkies scheidet sich in allen Schlammen aus, die reich an organischer Substanz sind. Die Mächtigkeit der Vorkommen ist allerdings damit nicht erklärt. Ein eigenartiger bunter, meist rot oder grün gefärbter, sehr feinkörniger Schiefer ist der sog. *Cypridinenschiefer* des rheinischen, Harzer und thüringischen Oberdevons, der an Tierresten fast nur kleine Muschelkrebse (daher der Name) und sehr dünnschalige Muscheln sowie kleinäugige oder blinde, dünnschalige Trilobiten enthält. Man darf ihn, und wohl auch einen Teil des mitteldevonischen „Tentaculitenschiefers", der mit dem Wissenbacher Schiefer sehr nahe verwandt ist, wohl für eine Ablagerung im tieferen Meere, vielleicht um die 200-m-Linie herum, halten.

Vielfach stehen *Kalke* in unmittelbarer Wechsellagerung mit den zuletztgenannten tonigen Gesteinen, oder die Schiefer selbst werden mergelig; in solchen Fällen wird man an ähnliche fazielle Bedingungen, d. h. an küstenferne Schelfablagerungen oder gar hemipelagische Schlamme, denken dürfen. Gewöhnlich sind die Kalke versteinerungsreicher als die Schiefer, was auf den Gedanken bringen könnte, daß die Schalen im Schiefer nachträglich aufgelöst worden sind. Auch an „Schill"-artige Anhäufungen (S. 39) könnte man denken. Andere Kalke sind entschieden Flachmeerablagerungen; schon die Kalksandsteine sind oft derart mit Schalen angefüllt, daß die Menge des Kalks die sandigen Bestandteile zurückdrängt, und von den sandigen wie von den tonigen Gesteinen aus reichert sich der Kalkgehalt und der Fossilreichtum mit Annäherung an die Korallenriffe ständig an. In ihrer Nachbarschaft, insbesondere im rheinischen Mitteldevon, weniger ausgesprochen im Oberdevon und Karbon, sind Brachiopoden und Korallen oft prachtvoll entwickelt und bauen fast allein ganze Bänke auf, an anderen Orten sind es schwere, dickschalige Seelilien, und dieser Fossilreichtum reicht bis an die Riffe selbst heran, die im Westen und Norden des rheinischen Gebirges besonders gediehen. Ist hier auch häufig der Kalk in Dolomit umgewandelt und damit vieles von dem früheren Reichtum zerstört, so bietet sich doch stellenweise dem Sammler noch eine Fülle riffbauender und riffbewohnender Tiere, die die Eifel als Fundort so berühmt gemacht haben. Ganz andersgeartete Kalke, z. T. helle, bunte, splittrig-dichte Knollen- und Plattenkalke, z. T. dunkel gefärbte, oft bituminöse Kalke, zeichnen sich im Mittel- und Oberdevon namentlich im Norden und Osten des rheinischen Gebirges, des Harzes, Thüringens und Schlesiens oft durch großen Goniatiten- und Clymenienreichtum aus; sie sind in tieferem Wasser abgelagert worden. Als umgewandelte Kalke betrachtete man früher auch die *Roteisenerzlager*, die an der Grenze von Unter- und Mitteldevon in der Eifel, im obersten Mitteldevon und Oberdevon des östlichen Westfalens und im Lahn- und Dillgebiet auftreten. Neuerdings glaubt man sie als ursprüngliche Sedimente auffassen zu sollen. Sie sind wohl nicht alle gleicher Entstehung. Ein Teil ist oolithischer Natur und mit kalkig-sandigen Ablagerungen verknüpft, ein anderer eng mit Tuffen verbunden, so daß die Fauna zur Feststellung des jeweiligen Entstehungsortes herangezogen werden muß: brachiopodenreiche Eisensteine dürfen wohl als Flachmeerablagerungen gelten, während die übrigen vielleicht etwas weiter draußen entstanden. Die Entstehung des Eisengehalts ist bis heute strittig. Vulkanische *Tuffe* sind weit verbreitet; schon im Ordovicium Thüringens und im Unterdevon des rheinischen Gebirges beginnend, nehmen sie im Mittel- und Oberdevon des rheinischen Gebirges, als sog. „Schalsteine", besonders in der Lahn- und Dillgegend, aber auch in Thüringen stark zu und lassen auf eine ausgedehnte vulkanische Tätigkeit schließen, die bis ins Karbon hinein andauerte und als ein Zeichen gesteigerter Bodenunruhe aufzufassen ist. Die Tuffe enthalten Meeresversteinerungen und zeigen damit ihre Ablagerung auf dem Meeresgrund; sie sind z. T. feinkörnig, z. T. gespickt mit abgerollten Gesteinen (Küstennähe!) oder mit scharfkantigen Splittern und Blöcken der durchschlagenen Erdrinde von z. T. gewaltiger Größe.

Manche der sie begleitenden Ergußgesteine werden gleichfalls submarin ausgeflossen sein.

Alle bisher besprochenen Gesteine enthalten, soweit sie nicht ganz von Flachmeerbewohnern gebaut wurden, reichlich festländische Zerstörungsprodukte, gehören also dem Flachmeer an oder reichen höchstens bis zu den Tiefen des Kontinentalrandes hinab. Schwieriger ist die Frage bei den *kieseligen* Gesteinen. Zwar gibt es kieselige Knollen in manchen Schiefern (z. B. im rheinischen Unterdevon), bei denen die Natur der *Schiefer* und ihrer Versteinerungen über den Entstehungsort entscheiden muß, wenn auch der Kieselgehalt nicht einfach zu erklären ist. Es gibt auch kieselige Lagen zwischen manchen Schiefern und Kalken (z. B. als Einlagerungen der Tentaculiten- und der Graptolithenschiefer); sie sind, wie die Knollen, wohl ganz aus der Auflösung kieselschaliger Meerestiere (Radiolarien und Schwämme) oder Pflanzen (Diatomeen) hervorgegangen, und ihre Wechsellagerung mit festländischen, wenn auch sehr feinkörnigen Zerstörungsprodukten zeigt, daß es sich nicht um Ablagerungen der Tiefsee handeln kann. Aber es gibt auch 5—10 m mächtige *reine* Kieselgesteine, ohne oder fast ohne jede Beimengung irgendwelchen Materials vom Festland, ohne jeden Kalkgehalt, oft von kohligen Substanzen schwarz gefärbt, sonst buntfarbig, und bei günstiger Erhaltung zeigen Präparate, daß das ganze Gestein aus Radiolariengerüsten (Abb. 100) aufgebaut ist, deren Trümmer auch die Lücken zwischen den Schälchen ausfüllen und wahrscheinlich durch ihren Zerfall auch das Baumaterial für die scheinbar fossilleeren Kieselschiefer lieferten. Wenn man das Gestein an sich betrachtet, so scheint es, bis auf die kohligen Substanzen, ein vollendetes, felsgewordenes Ebenbild jener feinen Radiolarienschlicke, deren wir bei der Besprechung des Bodens der Tiefsee gedachten. Studiert man aber ihren Zusammenhang mit anderen Gesteinen, so ändert sich das Bild: diese Kieselschiefer liegen meist entweder auf Lava (gewaltigen untermeerischen Ergüssen um den Beginn der Karbonzeit) oder auf Cypridinenschiefer und werden von sandigen Schiefern überlagert, den sog. Posidonienschiefern, die nach oben in fein- und grobkörnige Grauwacken überzugehen pflegen, in denen man fast ausschließlich Landpflanzenreste gefunden hat! Dieser Übergang von Zerstörungsprodukten des Festlandes zum Tiefseegestein und von diesem wieder zu Flachmeer- und gar zu festländischen Gesteinen zwingt zur Annahme besonderer Bedingungen. Da die Zeit, in der die „Radiolarite" entstanden, mit dem Höhepunkt der Auffaltung eines großen Faltengebirges aus

Abb. 100. Radiolariengestein des Kulm. (Präp. und phot. Dr. A. Schwarz. Stark vergrößert.)

den Sedimenten des variskischen Geosynklinalmeeres zusammenfällt, so wird man an ein Inselmeer denken dürfen, ähnlich dem, das heute als „Ostindisches Meer" den großen Inselbogen zwischen Südostasien und Australien umspült (Abb. 101). Hier liegen auf engem Raum nebeneinander Flachmeer und Tiefsee — die Inseln aber sind nichts als die Gipfel eines gewaltigen untermeerischen Faltengebirges, dessen Höhenmaße die des Himalaja übertreffen! Hier fand die Sibogaexpedition in etwa 4000 m Tiefe dunkelgefärbte, fast kalkfreie Schichten, sodaß die Möglichkeit durchaus besteht, daß auch die Kieselschiefer des Kulm (so nennt man die kalkarme bis kalkfreie Fazies des Unterkarbons in Deutschland) in solchen Tiefen abgelagert wurden. Vor kurzem gelang es, die Radiolarien so herauszuätzen, daß die feinen Gerüste genau untersucht und mit lebenden Formen verglichen werden konnten; dabei stellte sich heraus, daß die Mehrzahl der karbonischen Radiolarien sich nur mit Tiefenformen der heutigen Meere vergleichen läßt, die in mindestens 800 m Meerestiefe als Plankton leben, sodaß also das Karbonmeer dort, wo der Kieselschiefer entstand,

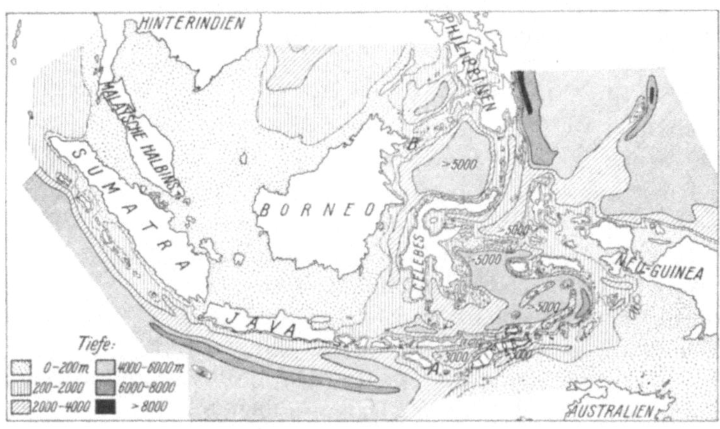


Abb. 101. Tiefenkarte des Meeres im Ostindischen Archipel. (Nach van Riel.)

tiefer als 800 m gewesen sein muß. Im ostindischen Inselmeer, wo große Tiefen unmittelbar neben dem Flachmeer liegen und wo der Boden fortdauernd in Unruhe ist (wie Erdbeben und Vulkantätigkeit beweisen), wo also Grenzverschiebungen zwischen den Bezirken des Meeresbodens leicht vorstellbar sind, müssen auch Überlagerungen von Tiefseeabsätzen durch Flachmeergesteine vorkommen. Im Norden des rheinischen Gebirges geht der Kieselschiefer des deutschen Kulm in Flachmeergesteine über: am Rhein bei Düsseldorf ist noch der sog. Kohlenkalk entwickelt, ein typisches Flachmeergestein mit großen Brachiopoden und Korallen; nach Osten hin wird er plattig, und dünne Kiesellagen schieben sich ein, die mehr und mehr zunehmen, sodaß wechsellagernde Bänke von Kalk und Kieselgestein entstehen und endlich das kieselige Gestein den Kalk völlig verdrängt. Gleichzeitig nehmen Brachiopoden und Korallen ab. Hier ist der Übergang vom Flachmeer zur großen Meerestiefe deutlich zu sehen, nur durch die Gebirgsbildung auf noch engeren Raum zusammengedrängt. Der Kieselschiefer des Kulm ist das einzige echte Tiefseegestein auf deutschem Boden; es stammt zwar nicht aus breitgedehnten Weltmeertiefen, sondern aus schmalen tiefen Senken eines Inselmeeres, ist aber trotzdem von besonderem Interesse und in seinem Schichtenverband noch längst nicht genug studiert.

In der kurzen Schilderung der Ablagerungen aus dem deutschen Meer im Erdaltertum spiegelt sich das typische Geschehen in einer Geosynklinale ab, wie es immer wieder auf der ganzen Erde in allen wesentlichen Zügen sich gleichbleibt. Über die Beziehungen der kambrischen und ordovicisch-gotlandischen Schichten zum Gesamtbild ist noch wenig bekannt. Frühere Gebirgsbildungen, wie sie in Nordwesteuropa längst bekannt sind, haben sich auch in deutschen Ablagerungen wiederfinden lassen, ohne daß sie viel über die Meere der damaligen Zeiten und ihre Verbreitung aussagen. Von den eintönigen Flachmeerablagerungen im Unterdevon an bis zur Verlandung im Karbon ist das Bild dagegen von großer Klarheit. Wer die Flachmeerschichten des Unterdevons studieren will, wandere das Rheintal entlang, das von Bingen bis Köln einen Teil des variskischen Gebirgsbogens quer durchschneidet und in Weinbergen, Steinbrüchen und Seitentälern überall Gesteine und Versteinerungen erkennen läßt. Das faziell lebhaftere Mitteldevon studiert man am besten in der Eifel, am Nordrand des rheinischen Gebirges und (den mehr schiefrig-kalkigen Teil) in der Lahn- und Dillgegend, die größte Buntheit der oberdevonischen Ablagerungen wieder in der Lahn- und Dillgegend, aber auch im Harz, im Thüringer Wald und in Schlesien. Die Tiefsee- und Flachmeergesteine des Karbons endlich sind am klarsten am Nord- und Ostrand des rheinischen Gebirgsblockes zu durchforschen. Überall, und in jeder Schicht, warten neue Entdeckungen auf den Sammler.

In die *lange Pause* zwischen der Erhebung des variskischen Gebirges und damit ganz Mitteleuropas aus dem Meere und der weiträumigen, erneuten Überflutung in der Jurazeit fallen *zwei Meereseinbrüche*, deren jeder ein eigenartiges Bild darbietet. Alle Ablagerungen aus diesen Binnenmeeren liegen *waagerecht* auf abgetragenen und zerstörten Falten abgesunkener Teile des variskischen Festlandes, die teils heute noch unter ihnen verborgen sind, teils durch spätere Hebung wieder zutage traten, und dann natürlich, wie jedes Hochgebiet, samt ihrer Decke von den Kräften der Erosion sofort wieder angegriffen wurden. Sehr gut ist die Überlagerung der stark gefalteten Devon- und Kulmschichten durch waagerecht liegende Zechsteinablagerungen in dem berühmten Profil am Bohlen bei Saalfeld zu sehen (Abb. 38). Die neuen Absätze sind entweder Abtragungsprodukte des variskischen Festlandes oder organischen Ursprungs; die Wassertiefe war überall gering, die Dauer der Meeresbedeckung beide Male, mit geologischen Zeiten gemessen, kurz.

Die *Ablagerungen des Zechsteinmeeres* treten fast nur an den Rändern der Schollen des zerbrochenen variskischen Gebirges zutage und sind im übrigen von jüngeren, festländischen oder marinen Schichten überdeckt. Die Natur des Zechsteinmeeres als Binnenmeer wird schon aus seiner Verbreitung klar; die Ablagerungen finden sich außerhalb Deutschlands typisch nur im heutigen England. Sie sind im wesentlichen kalkig-dolomitischer Natur. Langgestachelte Productusarten (Abb. 64) unter den Brachiopoden, und Bryozoenstöckchen, die gelegentlich ganze Riffe aufbauen können (besonders in der Umrandung des Thüringer Waldes), sind die bemerkenswertesten Tierreste der sehr verarmten Fauna, die sich jedoch, wie stets bei Binnenmeeren, oft durch Massenhaftigkeit einzelner Tierarten auszeichnet. Cephalopoden, die in gleichzeitigen Ablagerungen des offenen Meeres reichlich vorkommen (Abb. 67—69), fehlen ganz, ebenso die eigenartigen Fusulinen und Schwagerinen (Abb. 66). Als älteste Ablagerungen des, wie die Tierreste beweisen, von Osten kommenden Meeres finden sich Konglomerate in Thüringen, vereinzelt auch aus jüngeren Abschnitten dieser Zeit am Rande des rheinischen Gebirges.

Die auffallendsten Absätze aus diesem Binnenmeere sind der Kupferschiefer und die mächtigen Salzlager. Der *Kupferschiefer,* ein nur gegen 50 cm mächtiger, schwarzer, stark bituminöser Mergel, kommt typisch nur zwischen Harz und Thüringer Wald, ferner am Spessart vor und zeichnet sich durch das fast vollständige Fehlen von bodenbewohnenden Meerestieren (nur am Rande fanden sich einige Brachiopoden und Protozoen), dagegen das massenhafte Vorkommen von Fischen, unter denen der heringsartige Palaeoniscus am häufigsten ist, und gelegentlich eingeschwemmte Landtiere und -pflanzen aus. Manche Forscher haben an ein „fossiles schwarzes Meer" gedacht, um das Fehlen der Bodenbewohner durch die in den Tiefen des heutigen Schwarzen Meeres herrschende Vergiftung des Wassers (durch Verwesungsprodukte reichlich absinkender organischer Substanzen bei unzureichender Durchlüftung) zu erklären. Sie glauben, daß Süßwasserzuflüsse, wie im jetzigen Schwarzen Meere, nur in den oberen Wasserschichten des Binnenbeckens reiches Leben ermöglichten, ja hielten sogar die Fische für Süßwasserfische. Vielleicht ermöglicht die Annahme einer Meeresbucht, ähnlich der schon einmal erwähnten Walfischbucht in Südwestafrika, eine zwanglose Erklärung. Die Herkunft des Erzgehaltes der Schiefer, der zweifellos gleichzeitig mit der Ablagerung entstanden ist, ist noch nicht einwandfrei erklärt. Sehr bedeutungsvoll sind die *Salzlager,* die sich früher, wie heute, niemals aus offenem Meere, sondern stets nur aus abgeschnittenen Lagunen oder Binnenseen absetzten. Sie entstanden in abflußlosen Salzwasserbecken in Wüstengebieten, denen von den Flüssen aus dem umliegenden Festland ständig neue Salze zugeführt wurden. Im offenen Meere können sich die Salze nur sehr allmählich anreichern und werden z. T. von den Organismen verbraucht; in Wüstengebieten dagegen führt die sehr starke Verdunstung schließlich zu einer übersättigten Salzlake, aus der sich endlich die

Salze absetzen. Die Salzlager sind also die letzten Absätze des langsam versiegenden Zechsteinmeeres. Die Reihenfolge der Ausfällungen aus der Lake richtet sich nach der verschiedenen Löslichkeit der Salze; das schwerstlösliche Kalziumsulfat (Anhydrit oder Gips) setzt sich zuerst ab, dann folgt das Steinsalz und zuletzt die Kali-Magnesium-Verbindungen oder Abraumsalze. Der Vorgang kann jederzeit unterbrochen, auch nach erneuter Wasserzufuhr wiederholt werden. Sehr eigenartig sind regelmäßige, vielhundertfach wiederholte, dünne Lagen von Kalziumsulfat im Steinsalz, die man als Anzeichen von Konzentrationsschwankungen in der Salzlake, bei ihrer Regelmäßigkeit vielleicht als „Jahresringe" auffassen darf: in niederschlagsarmen Zeiten hätte sich Steinsalz, in niederschlagsreichen Anhydrit abgesetzt. Über den Salzlagern Norddeutschlands, die sich vom heutigen Niederrhein bis an die russische Grenze und von der Nordsee bis in die Gegend von Fulda erstrecken, aber nicht überall unter gleichen Bedingungen entstanden, und die mehrere hundert Meter Mächtigkeit erreichen, liegt ein feinkörniger, roter Ton, der sie schützend abschließt, aber keine Meeresversteinerungen enthält, sodaß seine Entstehungsart unsicher ist. Er leitet zu der zum größten Teil sicher festländischen, aus sandigen und tonigen, meist rot gefärbten Gesteinen aufgebauten ältesten Trias, dem Buntsandstein, über.

Der nächste Meereseinbruch fällt schon in das Erdmittelalter. Das *Muschelkalkmeer,* durch die erwähnten mächtigen roten Sandsteine von den Absätzen des Zechsteinmeeres getrennt, hat manche Eigenart mit dem Zechsteinmeer gemein: die Ausdehnung, die sich im wesentlichen auf das heutige Deutschland beschränkte, ferner das Überwiegen kalkiger Absätze mit einer artenarmen, dafür sehr individuenreichen Tierwelt, und endlich häufige Anhydrit-, Gips- und Steinsalzlager (wenngleich nicht in der gewaltigen Mächtigkeit und Verbreitung der Zechsteinsalze) aus verdunstenden, abgetrennten Beckenteilen. Die Verbindung mit dem offenen Meere, vor allem der Tethys, war besser, und die Lebensbedingungen echter Meerestiere waren günstiger als in der

Zechsteinzeit, obwohl viele echte Meerestiere, die im offenen Ozean in Massen lebten, im Muschelkalk fehlen, vor allem die meisten der dortigen Ammonitengeschlechter. Jedoch vermochten Seelilien eine oder mehrere Kalkbänke aus ihren zerfallenen Stielgliedern aufzubauen; andere Bänke entstanden fast ganz aus Brachiopodenschalen, vor allem der Gattung Terebratula (Abb. 25 *h*), und die Ammonitengattung Ceratites (Abb. 70) lebte in Massen. Dazu kamen als seltene Boten aus dem offenen Meer vereinzelte Vertreter der vielgestaltigen, dort lebenden Ammonitenarten, wahrscheinlich als treibende, leere Schalen, ebenso wie Ceratitenschalen sich außerhalb des „deutschen" Binnenmeeres bei Toulon, in Spanien, Sardinien, in Vicentin und in der Dobrudscha gefunden haben: der Austausch zwischen dem „germanischen Binnenmeer" und der „Tethys" scheint zeitweilig recht rege gewesen zu sein (vgl. die Karte S. 117).

Im einzelnen bieten die Schichten des Muschelkalkes für jeden, der der Natur der alten Meere nachgehen will, ein besonders dankbares Feld, da die Lagerung einfach ist und die Aufschlüsse fast überall gut sind, weil die Kalke viel gewonnen werden. Schwankungen in Tiefe, Salzgehalt und Verbindung mit dem Ozean, Abhängigkeit der Fazies von benachbarten Küsten — im Westen sandige, im Osten viele glaukonitische Bänke —, der oft tausendfach wiederholte und noch unerklärte Wechsel dünner, unregelmäßiger Kalkbänke, die durch hauchdünne Tonlagen getrennt werden, die gelegentliche Beimischung festländischen und marinen Strandgutes an den Küsten, rätselhafte Lebensspuren der Bewohner des Meeres, ihre Variationsbreite, mannigfach wechselnde Strukturen der Kalke und ihr Zusammenhang mit irgendwelchen Änderungen des Meeres — alle diese Fragen sind leichter im Zusammenhang über größere Strecken zu studieren als im selten gut aufgeschlossenen Zechstein oder gar in den gefalteten und gestörten Ablagerungen des Erdaltertums. Der Muschelkalk ist die einzige Formation auf deutschem Boden, die die Ablagerungs- und Lebensbedingungen in einem weiträumigen Binnenmeere ausgezeichnet zu studieren gestattet. Von den ersten dünnen Kalkbänkchen in den roten Tonen des Buntsandsteins an, die die langsam fortschreitende Überflutung andeuten und schon eine kleine Meeresfauna enthalten, bis zur allmählichen Verkümmerung der Tierwelt im ältesten Keuper, in dem die echt marinen Formen (Brachiopoden, Ammoniten) schon fast ganz fehlen und Sandsteine mit reichen Landpflanzenfunden, Mergel und Letten wieder an die Stelle der Kalke treten, sind die Schichten der Muschelkalkzeit von hohem Interesse für jeden. Das langsame Heben und Senken des Bodens in Mitteleuropa, das schon während der Buntsandsteinzeit gelegentlich wassererfüllte Senken mit kümmerlichen Faunen entstehen und verschwinden ließ und das auch nachher, in der Keuperzeit (in der Mitteleuropa wieder Festland war) vorübergehend kurzfristige und örtliche, flache Salzwasserseen schuf, deren Verschwinden die Austrocknungserscheinungen der Zechsteinzeit in kleinem Maßstabe wiederholte, wird sich nach und nach immer genauer auf Karten darstellen lassen und ein überraschend gutes Bild jener langen Festlandperiode und der beiden großen Einbrüche des Zechstein- und des Muschelkalkmeeres liefern. Vielverheißende Anfänge, namentlich aus Süddeutschland, sind bereits vorhanden.

Im oberen Keuper kam der Umschwung. Sandstein und Mergel greifen an vielen Orten über den Bereich der älteren festländischen Keuperschichten hinaus und enthalten eine arme, aber typische Meeresfauna, die weder mit der Tierwelt des Muschelkalks noch mit der des Jura viel gemeinsam hat. Echte Meerestiere, vor allem Brachiopoden und Ammoniten, fehlten zunächst noch; marine Zweischaler aber traten gelegentlich mit anderen Meerestieren (z. B. Seesternen) in Menge auf, auch solche, die in der Tethys lebten, so daß jetzt offenbar das alte Mittelmeer, dessen Einfluß auch in den Einbrüchen der Festlandzeit gelegentlich zu spüren war, allmählich vom Boden des heutigen Deutschland Besitz ergriff. Besondere Erwähnung verdienen aus dieser Zeit dünne „Knochenlagen“, die „bonebeds“ der Engländer, dünne Sandsteinbänkchen, die von Fischschuppen, Zähnchen und Knochenbruchstücken erfüllt sind und in denen, als echtem Grenzgebilde von Festland und Meer, auch

Landtierreste, darunter als besondere Seltenheit die ältesten Säugetierzähnchen, liegen.

Diese relativ kleine Transgression bildete die Einleitung zu einer langen Zeit stärkerer und schneller aufeinanderfolgender Hebungen und Senkungen des Bodens unseres heutigen Vaterlandes. Will man, nach den stürmischen Bodenbewegungen der Entstehungszeit des variskischen Gebirges, das Ende des Erdaltertums und die erste Zeit des Erdmittelalters mit einem ruhigen Atmen der Erdrinde, gewissermaßen einem Ausruhen nach dem Paroxysmus, vergleichen, so folgten die Atemzüge jetzt rascher und ungleichmäßiger, gleichsam hastiger aufeinander. *Zwei Meerestransgressionen riesigen Ausmaßes* folgten sich im Erdmittelalter, die eine im mittleren Jura beginnend und gegen Beginn der jüngeren Jurazeit ihren Höhepunkt erreichend, die andere in der Mitte der Kreidezeit einsetzend und gegen ihr Ende durch ein Rückfluten der Gewässer abgelöst. Zwischen diesen großen Überflutungen, die jedesmal durch entsprechende Regressionen abgelöst wurden, lagen eine Menge kleinerer, örtlich begrenzter Bodenbewegungen, die zwar zu Faunenverschiebungen und zu örtlichen Abtrennungen von Küstenseen oder Lagunen führten, aber nie das ganze „deutsche“ Meer vom Ozean trennten. Gelegentlich folgten sich leichte, gleichartige Bodenbewegungen lange Zeit mit ruhiger Regelmäßigkeit, so daß sie sich in einem eintönig wiederholten Schichtwechsel abspiegeln, wie wir sie z. B. im lothringischen Jura kennen, wo Ton, Mergel, Kalk; Ton, Mergel, Kalk immer wieder aufeinanderfolgen und der Kalk sogar oft ein kurzfristiges Auftauchen des Meeresgrundes, eine „Emersion“, bedeutet. Aber keine dieser Bewegungen ist so weiträumig wie die beiden großen Senkungen in der Mitte der Jura- und Kreidezeit; oft sinkt der Boden an einem Platze, während er an anderen aufsteigt. Die Meere, die damals über unserem heutigen Boden standen, waren im ganzen stets mit der Tethys in Verbindung, und so trat an Stelle der armen Binnenmeerfauna reiches Tierleben, dessen Reste den Ablagerungen der Jura- und Kreidezeit ihre Berühmtheit verliehen haben.

Typische küstennahe Ablagerungen, vor allem *Sandsteine*, sind im unteren Jura in Schwaben, am Bayerischen Wald und in Lothringen bekannt, im mittleren Jura gewinnen sie in Verbindung mit oolithischen Eisenerzen, die auch im unteren Jura in Süddeutschland und im Harz nicht fehlen, sogar eine große Verbreitung und in den mächtigen Lothringer „Minette"-Lagern hervorragende technische Bedeutung. *Konglomerate* sind vor allem in der Kreide typisch entwickelt; das „Hilskonglomerat" des Harzvorlandes und die Transgressionskonglomerate der einsetzenden großen Überflutung beim Beginn der jüngeren Kreidezeit im heutigen Westfalen (Abb. 39), Sachsen (z. Z. prachtvoll aufgeschlossen im Plauenschen Grund unfern Dresdens [Abb. 39], im Augenblick das schönste Bild der Ablagerungen eines transgredierenden Meeres in Deutschland), Bayern, sowie vielfach noch innerhalb der jüngeren Kreideschichten sind am bekanntesten. In solchen Konglomeraten sind gelegentlich Rollstücke aus älteren Schichten, z. T. auch Versteinerungen daraus nicht selten, z. B. Jura-Ammoniten im Hilskonglomerat; noch anschaulicher für das Übergreifen des Meeres sind Austernschalen, deren Bewohner im Kreidemeer lebten, die aber auf Karbonsandstein in Westfalen aufgewachsen sind. Sehr verbreitet sind Sandsteine in der Kreide; hierher gehören die Quadersandsteine des Harzes, des sächsischen Elbsandsteingebirges und Schlesiens. An vielen Orten sind sie durch Glaukonit grün gefärbt, z. B. im Essener und vielen anderen *Grünsanden* im heutigen Nord- und Süddeutschland. In allen diesen typischen Flachmeergesteinen sind große und oft dickschalige Muscheln, besonders Austern und ihre Verwandten, an Stelle der früheren bezeichnenden Brachiopoden getreten; eingespülte Ammonitenschalen, darunter die größten bisher bekannten (die Gattung Pachydiscus erreicht im Sandkalk von Seppenrade in Westfalen 2,50 m Durchmesser!), sind häufig.

In ruhigerem Meer wurden *Tone und Kalke* abgelagert, die auf weite Strecken den Boden bedeckten und oft große Mächtigkeit erreichten, d. h. offenbar auf sinkenden Meeresgrund abgesetzt wurden. Der untere Jura besteht fast ganz aus dunkel gefärbten Tonen mit Kalkbänken, wobei mergelige Tone und Kalke Übergänge beider anzeigen. Die dunkle Farbe rührt von reichlich beigemengter organischer Substanz her; sie wird im mittleren Jura, der im übrigen ähnlich aufgebaut ist, durch die braune Farbe des Eisenhydroxyds ersetzt und weicht im oberen Jura den hellen Farben reiner Kalke, sodaß die alten Leopold-v.-Buch'schen Namen „schwarzer, brauner und weißer Jura" die Farbe der Schichtgesteine in den drei Abteilungen gut wiedergeben. Die Farbänderung kommt bestimmt nicht von einer Zunahme der Meerestiefe und wohl kaum von einem zunehmenden Abstand vom Festland, denn die Tone sind Absätze von Verwitterungsprodukten des Festlandes und die Kalke, wie überall, vorzugsweise von Organismen gebildet. Der Versteinerungsreichtum ist überall, in Schwaben und Franken, in Norddeutschland und in den vielen kleineren der Abtragung entgangenen Resten der damaligen Meeresbedeckung, außergewöhnlich groß; Ammoniten und Belemniten spielen fast überall die Hauptrolle. Viele Tone schließen, wie im Erdaltertum, Zwergfaunen verkiester Schälchen, z. T. in wunderbarer Feinheit, ein. In manchen schiefrig-tonigen Lagen reichert sich der Bitumengehalt so stark an (6—8% Ölgehalt!), daß die Schiefer brennen und man das Öl gewinnen kann. Der wichtigste Horizont dieser „Ölschiefer" liegt im oberen schwarzen Jura und ist berühmt als Fundort prachtvoll erhaltener Meeresfische und -reptilien. Der Hauptfundort, Holzmaden in Württemberg, hat dank jahrzehntelanger Sammeltätigkeit die damalige Tierwelt in großer Vollständigkeit und bemerkenswert guter Erhaltung geliefert. Die Auslese der Tiere, in der Bodenbewohner stark zurücktreten, und ihre hervorragende Erhaltung (sehr viele zusammenhängende Wirbeltiere, viele davon mit Weichteilen!) haben, ähnlich wie beim Kupferschiefer der permischen Zeit, zu der Deutung eines „fossilen schwarzen Meeres" (d. h. eines fast allseitig abgeschlossenen, in der Tiefe schlecht durchlüfteten Meeresbeckens mit Süßwasseroberschicht und sauerstoffarmem Tiefenwasser, also ohne Lebensmöglichkeit für aasfressende und andere Bodentiere) geführt. Jedoch fehlen

Bodentiere nicht, denn die vermeintlichen Algen sind Bohrgänge von Schlammwürmern, und Muscheln und Seeigelstacheln finden sich in manchen Lagen. Aber auch der Umstand, daß man zahlreiche Arten von Ichthyosaurus, d. h. echten Hochseetieren, aus diesem Schiefer kennt, spricht neben anderen Gründen gegen eine artenarme Binnenfauna. Man kann vielleicht einen Vergleich mit dem Wattenschlick der Gegenwart wagen und die Armut an kalkschaligen Schlammbewohnern in den meisten Lagen auf Schalenauflösung nach der Einbettung zurückführen. Noch berühmter sind die dünnen harten Plattenkalke des obersten weißen Jura von Solnhofen und Eichstätt geworden, einmal durch die lithographischen Steine, die aus den allerfeinstkörnigen Lagen gewonnen werden, vor allem aber durch die Tierwelt. Hier finden sich neben einer Fülle von Meerestieren, unter denen Bodenbewohner gleichfalls fast vollkommen fehlen, dagegen Cephalopoden, Krebse und Fische vorwiegen, eine Menge von Landtieren, besonders Insekten und Reptilien — auch der berühmteste Fund, der Urvogel Archaeopteryx, verdient Erwähnung. Daß hier der Meeresgrund zeitweilig (bei Ebbe?) entblößt war, beweisen Landtierspuren, und so denkt man am besten an ein küstennahes Seichtmeer, das der Wind gelegentlich mit Landtieren (und Landpflanzenresten) versorgte und in dem fortgesetzt feinster Staub und Kalkteilchen zu Boden sanken. Nirgends wird die Notwendigkeit einer Forschungsstelle für Meeresgeologie in den Tropen, wo, wie etwa auf den Bahamas, der Meeresboden ganz aus blendend weißem feinstem Kalkschlamm besteht und täglich zweimal auf viele Quadratkilometer dem Forscher mit allen lebenden und toten Bewohnern und angetriebenen Gästen offen liegt, klarer als gerade hier. Erst durch jahrelange, sorgfältige Arbeit wird Solnhofen, der berühmteste Fundort der ganzen Erde, der in der Feinheit der Erhaltung unübertroffen ist (Quallen, Libellenflügel, Flughäute fliegender Reptilien sind in hauchzarten Abdrücken erhalten), in seiner Entstehungsgeschichte klarer werden. Die Reinheit des Meerwassers, die sich schon in der hellen Farbe der Kalke zeigt, ließ auch die Entstehung von *Korallenriffen* im heutigen Schwaben und Franken zu, die in der Gegenwart als klotzige ungeschichtete Kalkfelsen die wohlgeschichteten Kalkplatten durchragen und an denen sich damals die übliche reiche Tierwelt sammelte. Prachtvoll erhaltene Korallen und Schwämme sind oft in Massen zu finden; nicht selten sind die Korallen nachträglich verkieselt, während umgekehrt die feinen Nadeln der Kieselschwämme später oft in Kalk umgewandelt wurden. Auf flache, bewegte Meeresteile weisen oolithische Kalke hin, die man oft „Rogensteine" heißt, wegen der Ähnlichkeit der kleinen Kalkkügelchen mit Fischrogen, und die sich vor allem im mittleren Jura, nicht selten mit Eisenerz angereichert, finden.

Auch die Ablagerungen der Kreidezeit bestehen in Deutschland zum allergrößten Teil aus Tonen, Kalken und ihren Zwischengliedern. Reinere Tone herrschen mehr in der älteren, Mergel, z. T. bunt gefärbt („Flammenmergel"), mehr in der jüngeren Kreidezeit. Sie gehen in den „Pläner" über, dünnschichtige helle *Mergelkalke*, die vor allem in der jüngeren Kreidezeit in Norddeutschland weit verbreitet sind und stellenweise in Sand- oder Plattenkalke übergehen. Örtlich bergen die Plänerkalke viele Kieselschwämme, die auf Stillwasser und damit vielleicht auf etwas tieferes Meer deuten. Das eigenartigste Kalkgestein aus dieser Zeit, dem sie ihren Namen verdankt, ist die *Schreibkreide*. Sie ist ein feinkörniger Kalkschlamm, im wesentlichen aus Kokkolithen, Foraminiferen und den Zerfallsprodukten beider aufgebaut, darf aber wegen der übrigen eingeschlossenen Tierreste nicht als Tiefseeablagerung aufgefaßt werden, wie man früher meinte (man verglich die Kreide mit dem Globigerinenschlick), sondern ist ein im tieferen Flachmeer entstandener, irgendwie von der Zufuhr terrigenen Materials abgeschnittener Absatz. Die Kreide enthält fast überall in Lagen geordnete Feuersteinknollen, deren Kieselsäure aus der Auflösung von Radiolarien und Kieselschwämmen stammt (Abb. 33).

Alle deutschen Gesteine aus der Jura- und Kreidezeit sind Flachmeergesteine, wie sie heute auf den Kontinentalsockeln, allenfalls deren zur Tiefsee abfallendem Rande entstehen. Sie sind petrographisch ziemlich eintönig zusammengesetzt.

Im Süden, im heutigen Alpengebiet dagegen, finden wir faziell mannigfaltigere Gesteine des auf dem Boden des Geosynklinalmeeres der Tethys allmählich durch wachsende Bodenunruhe sich ankündigenden späteren Alpengebirges. Hier bestehen die Juragesteine z. T. aus roten Kalken und Mergeln, z. T. aus Radiolariten (Kieselgesteinen mit allen Merkmalen echter Tiefseegesteine, aber offenbar in ähnlichen, schmalen, rinnenförmigen Vertiefungen entstanden wie die Kieselschiefer des Kulm, vgl. S. 145), z. T. aus brachiopodenreichen Flachmeergesteinen und anderen Ablagerungen auf engem Raum nebeneinander. Eines der eigenartigsten Gesteine ist der sog. Aptychenschiefer, ein Kalkschiefer, der fast keine Ammoniten, dafür aber massenhaft deren Deckel enthält. Man darf vielleicht annehmen, daß der lose Deckel mit dem verwesenden Körper des Tieres am Boden liegenblieb, während die Ammonitenschale, wie wir oben gehört haben, als Pseudoplankton ihre Reise antrat, bis sie irgendwo strandete. Auch in den Kreideschichten der Alpen ist der Fazieswechsel sehr groß; rote kieselige Tongesteine sind als Tiefseegesteine gedeutet worden und offenkundig ähnlich wie die Radiolarite zu erklären. Hier kommen zugleich die letzten Korallenriffe auf deutschem Boden (in der Nähe von Salzburg) vor.

Besondere Erwähnung verdienen noch jene Ablagerungen, die im Grenzgebiet von Salz- und Süßwasser entstanden. Im nordwestdeutschen oberen Jura liegen über marinen Ablagerungen (mit Korallen, Ammoniten, vielen Meeresmuscheln usw.) bunte, rote und grüne Mergel mit Steinsalz und Gips und mit Brackwassermuscheln und -schnecken; darüber folgt ein Kalk, der in manchen Bänken fast ganz aus den Schalen von Röhrenwürmern (Serpeln) besteht, und darüber ein reiner Kalk, der fast nur noch Süßwasserschnecken und -muscheln enthält. Er bildet die Einleitung zu der sehr mächtigen, festländischen „Wälderton"bildung, die zur unteren Kreide gehört und nur Festland- und Süßwassergesteine enthält. Offenbar hob sich während der jüngeren Jurazeit das Festland im Westen und Nordwesten heraus, indem das Meer zuerst flacher und flacher wurde und endlich verschwand: ähnliche Erscheinungen, wie wir sie zu Ende der Muschelkalkzeit kennenlernten. Aber die Schwankung war, geologisch gesprochen, nur kurz; denn in den obersten Schichten des Wäldertons, der häufig mit Brackwasser- und Süßwasserschnecken und -muscheln erfüllt ist, erscheinen schon wieder die ersten Meerestiere, sodaß manchmal auf einer Schichtfläche ein Ammonit neben Brackwasserschnecken liegt, und dann nehmen die Meerestiere zu, immer seltener mit Brackwassertieren untermischt, bis schließlich, ohne irgendwelche scharfe Grenze, sich nur noch Meerestiere im „Hilston" finden. Auch Plattenkalke, die denen bei Solnhofen sehr ähneln und die gleiche Tierwelt einschließen, enthalten in Schwaben einen größeren Sandgehalt, sind also offenbar näher an der damaligen Küste abgelagert oder mindestens stärker dem Sandtransport vom Lande her ausgesetzt gewesen.

Die Kreidezeit brachte die letzte große Meeresüberflutung des deutschen Bodens bis zur Gegenwart. Mit dem Tertiär trat die Scheidung in einen nördlichen Meeresteil, wenn man will, eine „Urnordsee", und einen südlichen, von der Tethys ausgehenden, immer klarer hervor, d. h. Meereseinbrüche beschränkten sich im allgemeinen, von der „Nordsee" ausgehend, auf das norddeutsche Flachland bis zum Fuß der Mittelgebirge, von Süden kommend auf das bayerische Alpenvorland. Beziehungen durch einen verbindenden Meeresarm sind nur in der mittleren Oligocänzeit festzustellen; im allgemeinen ist die Trennung recht deutlich. Die Sondergeschichte jeder Meeresbucht tritt immer klarer hervor, da die Ablagerungen vielfach noch unverändert offen liegen, als ob das Meer eben verschwunden wäre. Die lockere Beschaffenheit vieler Gesteine bringt mit sich, daß die Erosion leicht anzugreifen und abzuräumen vermag. Nur im Alpengebiet sind viele tertiäre Gesteine durch ihre Beanspruchung bei der Gebirgsbildung fest geworden und ähneln oft älteren Gesteinen. Die meisten Absätze sind über kleine Flächen verbreitet, und an den meisten Fundorten finden sich nur Ablagerungen *eines* Zeitabschnitts, oftmals nur einer kurzen

Episode. In der Tertiärzeit wurden ausschließlich Flachmeergesteine auf dem heutigen Festland abgesetzt, die in ihrer Zusammensetzung häufig wechseln und in denen Festlandspülicht oft in Menge vorkommt. Alle Eigenschaften sprechen für gesteigerte Bodenunruhe, die durch massenhafte Vulkanausbrüche bestätigt wird und in der Heraushebung des Alpengebirges, besonders in der Miocänzeit, ihren Höhepunkt erreicht (vgl. Abb. 99 — ein Meeresgestein aus der Eocänzeit, erfüllt mit den Schalen von Flachmeertieren, bildet den Gipfel eines 3000 m hohen Berges, ist also in dieser kurzen Zeit um mehr als diesen Betrag gehoben worden!). Viele Meeresgesteine stehen mit Brackwasser- und Süßwasserabsätzen in unmittelbarer Verbindung oder Wechsellagerung.

Eigentliche Leitfossilien, wie die mit dem Ende der Kreidezeit verschwundenen, weltweit verbreiteten Ammoniten und Belemniten und die selten gewordenen Brachiopoden, sind nur noch in den Nummuliten (Abb. 93) der Tethys zu nennen. Die Meere nehmen immer mehr ihre heutigen Plätze ein; damit verlieren die Ablagerungen auf dem Festlande ihre frühere Weiträumigkeit und mit den gesteigerten Bodenbewegungen ihre Langfristigkeit — jede Bucht hat ihre eigene, meist, geologisch gesprochen, sehr kurze Geschichte, und mit der Annäherung an die Gegenwart treten Einzelheiten in den Vordergrund, die die großen Linien vielfach verwischen: wie in der Menschengeschichte bringt erst der zeitliche Abstand größere Klarheit in das Geschehen, während die heutige oder gestrige Fülle der „Ereignisse“ und Deutungsmöglichkeiten oft das wirklich *große* Geschehen unter bedeutungslosen Einzelheiten verhüllt. Muscheln und Schnecken bevölkern, wie in der Gegenwart, die Meere immer stärker. Riffkorallen sind mit der Kreidezeit auch aus den alpinen Teilen der deutschen Meere verschwunden und weiter nach Süden abgewandert. (In den festländischen Ablagerungen der Tertiärzeit finden sich Reste von Säugetieren in Menge und rasch wechselnden Spezialisierungen — sie werden, mit Annäherung an die Gegenwart und mit der Tatsache, daß die Meere allmählich ihre heutigen Plätze einnehmen, wir also keine Meeres-Ablagerungen mehr auf dem Festlande finden, mehr und mehr zu den eigentlichen Leitfossilien.)

*Echte Küstengesteine* sind, obwohl sie bei Hebung des Landes am ersten der Zerstörung ausgesetzt und daher meist von der Erosion wieder vernichtet worden sind, unter den tertiären Ablagerungen des Nord- wie des Südmeeres weit verbreitet. In der Tiefe des norddeutschen Flachlandes liegen, nur aus Bohrungen bekannt, Feuersteinkonglomerate des ältesten Tertiärmeeres (Abb. 95) und Kalkgerölle, beide gelegentlich auch in dem Schutt, den das Inlandeis später über ganz Norddeutschland ausbreitete und womit es alle früheren Ablagerungen zudeckte. Am Schwarzwald- und Vogesenrand, auch in Rheinhessen und an anderen Orten sind Küstenbildungen des langen, schmalen Meeresarms wohlbekannt, der in der Mitte der Oligocänzeit Nord- und Südmeer verband (Abb. 102), am Niederrhein Brandungsschutt eines etwas jüngeren Tertiäreinbruches. Sie sehen allenthalben ähnlich aus: grobe Blöcke des Ufergesteins, mit Austern bewachsen, von Bohrmuscheln zerstörte Treibholzstämme, Knochen von Walen und Seekühen liegen überall umher, dazwischen abgerollte Gesteinsbrocken, zertrümmerte Muscheln und Schneckenschalen, wie an heutigen Steilküsten. In unmittelbarer Nähe sind oft, in ruhigeren Buchten, Meeressande voll von prachtvoll erhaltenen Muscheln und Schnecken, mit Haifischzähnen und allem möglichen Treibgut zusammengetragen, in denen sich gelegentlich harte Kalksandsteinbänke gebildet haben, deren Bindemittel aus dem Kalk aufgelöster Schalen besteht. An vielen Orten enthalten die Sande Glaukonit, am meisten in der sog. „blauen Erde“ des Samlandes, graugrünen Glaukonitsanden aus der Oligocänzeit, aus denen heute der Bernstein gewonnen wird.

Abb. 102. Meeresarm in der Oligocänzeit zwischen Nord- und Südmeer. (Nach Kayser.)

Dabei ist der Bernstein selbst aus älteren, wahrscheinlich eocänen, festländischen Ablagerungen von den Wogen des oligocänen Meeres ausgespült worden, sodaß er heute auf sekundärer Lagerstätte liegt. Auch das Südmeer (Abb. 97), dessen Ablagerungen am Alpenrande und im bayerisch-schwäbischen Vorlande vielfach prachtvoll aufgeschlossen sind, hat oft grobe Konglomerate und Sande zurückgelassen, die unter dem Namen „Nagelfluh" (weil an den „Fluhen", den Felsen, die groben harten Gerölle oft wie Nagelköpfe herausschauen) und „Molasse" weit verbreitet sind, Meeres-, Brack- und Süßwasserablagerungen gehen unter beiden Namen, die der *Gesteinsart* gelten; die eingeschlossenen Versteinerungen entscheiden die Herkunft und beweisen z. B., daß *zwei* Meeresmolassen, getrennt durch Brack- und Süßwassermolassen, übereinander im Alpenvorland liegen, sodaß also das Meer zweimal, vom Mittelmeer kommend und das entstehende Alpengebirge wie eine Insel umrahmend, weithin nach Osten das Land überflutete. Einer der schönsten Belege für die alte Nordküste dieses Meeresarms ist ein Jurakalkfelsen bei Ulm, der ganz von Bohrmuscheln durchlöchert ist. Er ragte damals als Klippe aus dem Tertiärmeer, und die Bohrmuscheln gruben ihre Löcher hinein, wie heute am Mittelmeer in Kreidekalke. Auch eigentümliche eintönig-graue Sandsteine und Schiefer, die weithin die Alpen-Karpathen umrahmen und an Versteinerungen fast nur sog. „Fukoiden" (Wurmspuren, die z. T. für Algen gehalten werden) führen, die man als „Flysch" bezeichnet und neuerdings mit den Schlammablagerungen der tropischen Mangrovedickichte vergleichen möchte, sind in der Hauptsache tertiären Alters, obwohl ähnliche Gesteine schon in der Kreidezeit abgesetzt wurden. Ähnliche Gesteine finden wir übrigens auch in Norddeutschland, wo man wohl an einen Vergleich mit Wattenschlick denken könnte.

*Tone* stehen vielfach in Verbindung mit den Sanden; teils gehen sie seitlich ineinander über, teils wechsellagern sie miteinander. Der verbreitetste Tonhorizont ist der Rupelton (nach einem kleinen belgischen Flüßchen benannt), der in Norddeutschland oft bedeutende Mächtigkeit erreicht und ins Mitteloligocän gehört. Er ist vor allem sehr reich an Protozoenschalen und kleinen Muschelkrebschen; Muscheln und Schnecken, auch Fische und Krebse sind mehr örtlich und bankweise verteilt. Vermutlich liegt eine Schelfablagerung auf sinkendem Meeresgrund vor. Gerade in der Rupeltonzeit öffnete sich die Verbindung zwischen Nord- und Südmeer, so daß Rupeltonablagerungen sich auch im Bereich der Verbindungs-Meeresstraße überall finden, z. T. mit einer Mischung von nördlichen und südlichen Fischen und häufig mit Blättern von den Bäumen des nahen Festlandes. Wo der Rupelton im Bereich der Alpenfaltung den gebirgsbildenden Kräften ausgesetzt war, ist er, z. B. als „Glarner Dachschiefer", in klingend harten, dünngeschieferten, blauschwarzen Schiefer verwandelt, der sich als Gestein nicht von den devonischen Dachschiefern des Rheinlandes unterscheidet, aber die gleichen, wenn auch stark verzerrten, Fische enthält, wie z. B. der Rupelton bei Frankfurt. Eocäne Meerestone Norddeutschlands enthalten dünne Lagen basaltischer Tuffe, die von Vulkanausbrüchen des nahen Festlandes herrühren. Manche miocäne Tone enthalten reichlich Glimmer (sog. Glimmertone); viele oligocäne und miocäne Tone werden durch zunehmenden Kalkgehalt zu Mergeln, und diese Wandlung ist nicht selten mit einem Wechsel der Tierwelt verbunden, indem marine Tiere nach und nach durch Brackwassertiere ersetzt werden. *Kalke* sind nicht sehr weit verbreitet. Im Bereich der Tethys enthalten oolithische Kalke, oft mit Eisenerzen verbunden, eine reiche eocäne Meeresfauna mit massenhaften großen Nummuliten; im übrigen aber handelt es sich mehr um Sandsteine mit kalkigen, von der Auflösung von Schalen herrührenden Bindemitteln und sonst um Brack- und Süßwasserkalke, die bei der Aussüßung abgeschnittener Meeresbecken an Stelle der Meeresablagerungen traten.

Gelegentlich zeigen sich, besonders in abgeschnittenen Meeresteilen, auch Erscheinungen, die auf starke Verdunstung des Meerwassers und Absatz seiner Salze hindeuten. Gipsabsätze, von Kristallrosetten in den Tonen angefangen, sind nicht selten; aber selbst Stein- und Kalisalzlager finden sich in Baden und im Elsaß, deren Herkunft allerdings nicht sicher ist — es könnte sich um ältere Salze handeln, die aus Zechstein- oder Triasabsätzen ausgelaugt und wieder zum Absatz gekommen sind.

Die *letzten Meeresablagerungen auf deutschem Boden,* die heute dem Meere entrückt sind, sind Sande und Tone in Westpreußen, Schleswig-Holstein und in der Gegend von Hamburg. Eingelagerte Austernbänke deuten auf ein ähnliches Klima wie in der Gegenwart; andere Muscheln aber in den Tonen deuten auf kältere Temperaturen, da die gleichen Arten heute an den Küsten von Spitzbergen und

Abb. 103. Nordsee, Ostsee und Eismeer nach der Eiszeit. (Nach de Geer aus Kayser.)

in ähnlichen Breiten leben, bei uns aber lebend nicht mehr vorkommen. So zeigen auch die Ablagerungen des Meeres deutlich die große Klimaänderung der Eiszeit, ja an manchen Orten sogar Klimaschwankungen innerhalb der Eiszeit, die man an den tierischen Resten des Festlandes längst sehr genau kennt.

In den Ablagerungen der Ostsee (Abb. 103) — und damit kehren wir zum ersten Kapitel unseres kleinen Buches zurück — in ihrem Randgebiete sehen wir auf das deutlichste ihr Schicksal seit der Eiszeit. Sie war während der Haupteiszeit mit sehr mächtigem Inlandeis ausgefüllt, und erst mit dessen allmählichem Abschmelzen wurde sie ein „Eissee“, der nach Westen mit der Nordsee, nach Nordosten mit dem Eismeer in Verbindung stand und von einer arktischen Meerestierwelt bewohnt wurde. Sie wurde dann durch Hebung des Landes ein Binnenmeer und enthielt Süßwasser; nachher folgte eine neue Verbindung mit der Nordsee durch Senkung des Bodens, und eine Salzwasserfauna folgte der des Süßwassers, und in der Gegenwart heben sich Teile des Ostseegebiets wieder heraus, sodaß der Salzgehalt der Ostsee wieder abnimmt und Salzwassertiere nur noch im Westen der Ostsee leben können. Senkungen des Bodens haben noch nach der Bronzezeit des Menschen stattgefunden, denn menschliche Siedlungen aus dieser Zeit liegen heute unter den Ablagerungen des Meeres. Schon damals griff der Kampf des Meeres gegen das Festland, oder besser gesagt: die unruhige Nachgiebigkeit von Teilen der „festen" Erdrinde gegenüber den Tiefenzonen, und das davon abhängige Hinundherschwanken der beweglichen Wasserhülle in das Leben der Menschen ein, die untergingen oder ihre Wohnsitze räumten und Völkerwanderungen verursachten. Heute ringt der Küstenbewohner wie damals mit dem Meere um den Lebensraum und kommt sich, dank seiner kurzen Erinnerungsfrist und Lebensdauer, gelegentlich gern als Sieger vor. Die Geschichte unserer Meere wird ihn an seiner Kraft zweifeln lassen!

# Verzeichnis der Fachausdrücke.

Ammoniten: Gruppe der Cephalopoden mit eingerollter, in einzelne Kammern eingeteilter Schale. Hauptverbreitung im Mittelalter der Erde.

Anhydrit: Schwefelsaurer Kalk, wasserfrei, durch Wasseraufnahme in Gips übergehend.

Aptychenschiefer: Bunte Kalkschiefer des oberen Jura und der unteren Kreide der Alpen, die zahlreiche Deckel von Ammoniten enthalten, ganz selten aber deren Gehäuse.

Aptychus: Kalkiger Deckel der Ammonitenschale, aus zwei symmetrischen, dreieckigen Klappen bestehend.

Aragonit: Rhombische Modifikation des kohlensauren Kalks.

Archaeopteryx: Vorfahre der Flugvögel, noch mit Reptilmerkmalen. Ungeschickter Flieger.

Augit: Aus Kalk, Magnesia und Eisensilikat bestehender Gemengteil von Eruptivgesteinen. Farbe grünschwarz; Kristallform rhombisch und monoklin.

Belemniten: Tintenfische mit innerlicher, gestreckter Schale, deren pfriemförmiges Ende Rostrum heißt.

Benthos: Die bodenbewohnende Tierwelt des Meeres.

Bernstein: Fossiles Harz der alttertiären Bernsteinfichte. Heute nur auf zweiter Lagerstätte in der „blauen Erde" erhalten. Reich an eingeschlossenen Insekten.

Bimstein: Schaumige vulkanische Gläser. Auswürflinge von Vulkanen.

Blaue Erde: Unteroligocäne Tone des Samlandes. Bernsteinführend.

Blauer Ton: Unterkambrischer Ton im Baltikum, durch Glaukonit grün gefärbt.

Bonebeds: Schichten, die reichlich Knochenbruchstücke enthalten.

Brachiopoden (= Muschelwürmer): Festsitzende Meerestiere, mit horniger oder kalkiger Schale.

Brackwasser: Mischwasser aus salzigem Meer- und süßem Flußwasser.

Breccie (= Bresche): Gestein aus zusammengebackenen eckigen Trümmern.

Bryozoen (= Moostierchen): Polypenähnliche, koloniebildende Tiere, oft mit verästeltem Kalkskelett. Riffbildend im Zechstein.

Byssusfäden: Büschel von hornigen Fäden, an der Unterseite des Fußes ausgeschieden, mit denen sich manche Muscheln festsetzen.

Chitin: Widerstandsfähige organische Substanz, die den Panzer der Gliederfüßler bildet; manchmal auch zusammen mit Kalkschalenbildend.

Copepoden: Ruderfüßer, kleine Krebse in Meer- und Süßwasser.

Cypridinen: Familie der Muschelkrebse, nach denen die Cypridinenschiefer des rechtsrheinischen Oberdevons genannt sind.

**D**achschiefer: Durch Druck in Platten abgesonderter, hart gewordener Tonschiefer.

Deich: Künstlicher Schutzdamm, der das landwärts gelegene Gebiet vor Überflutungen schützen soll.

Diskordanz: Überlagerung von gefalteten oder schräg gestellten Schichten durch jüngere Deckschichten. Anzeichen für eine Gebirgsbildung, die zwischen der Ablagerung beider Schichtpakete erfolgt ist.

**E**bbe: Das Fallen des Wasserspiegels vom Hoch- zum Niedrigwasser.

Emersion: Auftauchen eines Landes aus dem Meere.

**F**azies: Die von der Umwelt bestimmte örtliche Ausbildung von Sediment und Tierwelt.

Feldspat: Kali-, Natron- oder Kalk-Tonerdesilikat, wichtiger Gemengteil der Eruptivgesteine.

Feuersteinknollen: Erbsen- bis kopfgroße Konkretionen von Kieselsäure; entstanden aus den aufgelösten Kieselpanzern von Radiolarien und von Kieselschwämmen. Nachträglich, zum Teil lagenweise, ausgeschieden.

Flammenmergel: Dunkelgeflammte Kalkmergel des Gault (untere Kreide) in Braunschweig.

Flut: Das Steigen des Wasserspiegels vom Niedrigwasser zum Hochwasser.

Flysch: Sandige und schiefrige Fazies, die arm an Versteinerungen, aber durch den Reichtum an Spuren grabender und kriechender Tiere gekennzeichnet ist. Besonders in den Kreide- und Tertiärschichten der Alpen ausgebildet.

Fukoiden: Band- und schlauchförmige Spuren, die als Arbeitsspuren von Würmern oder Krebsen gedeutet werden. Früher für Abdrücke von Tangen gehalten.

**G**eosynklinale: Ausgedehntes Senkungsgebiet, in dem sich während langer Zeit Sedimente anhäufen. Aus diesen beweglicheren Teilen der Erdrinde steigen später die Gebirge auf.

Gezeiten: Die senkrechten Bewegungen des Wasserspiegels infolge kosmischer Einflüsse.

Gigantostraken: Ausgestorbene Ordnung der Gliederfüßer, durch besondere Größe (bis 3 m Länge) ausgezeichnet.

Glaukonit: Grünes, wasserhaltiges Eisensilikat; entsteht nur im Meerwasser abseits der Flußmündungen.

Glimmer: Alkali- bzw. Eisen-Magnesia-Tonerdesilikat, leicht in Lamellen spaltbar.

Glimmerschiefer: Kristallines Gestein, vorwiegend aus Quarz und Glimmer. Durch Umwandlung aus tonigen Sedimenten entstanden.

Gneis: Kristallines Gestein aus Quarz, Feldspat und Glimmer. Entweder aus einem Eruptivgestein (Orthogneis) oder aus einem Sedimentgestein (Paragneis) durch Umwandlung hervorgegangen.

Granit: Kristallines Tiefengestein aus Quarz, Feldspat und Glimmer.

Griffelschiefer: Schiefer, der nach zwei Richtungen spaltet, so daß er in dünne, prismatische Stengel zerfällt.

Grundmoräne: Gesteinsmaterial, das der Gletscher auf seiner Unterseite mitführt.

Grünland: Der unterhalb der oberen Gezeitengrenze aufgewachsene Boden, grünbewachsenes Land.

**H**ilskonglomerat: Transgressionskonglomerat der unteren Kreide Norddeutschlands.

Hilston: Bildet mit dem Hilskonglomerat zusammen die norddeutsche Fazies des Neokoms (das Hils), einer Abteilung der unteren Kreide.

Hochwasser (H.W.): Der höchste Wasserstand beim Übergang vom Steigen zum Fallen des Wassers. Die Höhe des mittleren Hochwassers (M.H.W.) ist von örtlichen Bedingungen abhängig.

Hornblende: Kalk-Magnesia-Eisensilikat, verbreiteter dunkler Gemengteil in Eruptiven und Kontaktgesteinen.

Hunsrückschiefer: Dunkle Tonschiefer, z. T. Dachschiefer, des rheinischen Unterdevons.

**K**alkspat: Rhomboedrische Modifikation des kohlensauren Kalkes ($CaCO_3$).

Keratin: Hornsubstanz, aus der die Haare und Krallen der Wirbeltiere bestehen.

Koblenzquarzit: Quarzit des höheren Unterdevons (Koblenzstufe) im rheinischen Schiefergebirge.

Kolk: Durch strudelnde oder wirbelnde Bewegung entstandene Vertiefung; bildet sich hinter Körpern, die den Stromquerschnitt verengern.

Konglomerat: Gerölle, die durch ein Bindemittel verkittet sind.

Konkretion: Von einem Mittelpunkt ausgehende Abscheidung von Mineralsubstanz.

Konkordanz: Gleichförmige Aufeinanderlagerung der Schichten.

Kontakthof: Einflußgebiet des in ein Nebengestein eingedrungenen Magmas.

Kulm: Sandig-schiefrige Fazies des höheren Unterkarbons.

Kupferschiefer: Dunkler Tonschiefer, der mit Kupfersalzen imprägniert ist. Meeresabsatz der unteren Zechsteinzeit.

**L**ehm: Eisenhaltiger Ton mit sandigen Beimengungen.

Lenneschiefer: Sandige Fazies des Mitteldevons im Gebiet der Lenne.

Letten: Geschichtete Tone.

Lobenlinie (= Sutur): Die Anheftungslinie der Kammerscheidewände an die Cephalopodenschale. Für die Systematik von großer Wichtigkeit, da diese Nahtstellen im Verlauf der Stammesgeschichte von einfachen Linien zu immer komplizierteren übergehen.

**M**agma: Schmelzfluß, aus dem durch Erkalten die Erstarrungsgesteine hervorgehen.

Marsch: Das fruchtbare Land unterhalb der jeweils oberen Gezeitengrenze.

Mammut: Elefant aus dem mittleren Diluvium, Vorläufer unserer heutigen.

Meerstrandsdreizack (= Triglochin maritima): Eine Pflanze, die nicht unter der Mittelhochwasserlinie wachsen kann.

Meggen: Ort in Westfalen mit einer sedimentären Schwefelkieslagerstätte (Lenneschiefer), eine der wichtigsten in Deutschland.

Mergel: Kalkreicher Ton.

Metamorphose: Umwandlung, besonders Umkristallisation und Gefügeänderung eines Gesteins bei erhöhtem Druck und erhöhter Temperatur.

Minette: Oolithisches Eisenlager des unteren Doggers; in mächtigen Lagern in Lothringen und Luxemburg entwickelt.

Molasse: Tertiäre Sandsteine und Konglomerate des Alpenvorlandes.

**N**autiliden: Gerade oder aufgerollte Cephalopoden mit einfachen Lobenlinien. Sipho central oder randständig; vom Kambrium bis zur Gegenwart.

Nekroplankton: Drift aus Leichen verschiedenster Lebensräume.
Nekton: Die aktiv schwimmende Tierwelt.
Niedrigwasser (N.W.) = der niedrigste Wasserstand zwischen zwei Tiden beim Übergang vom Fallen zum Steigen des Wassers. Der Stand des mittleren Niedrigwasser (M.N.W.) ist ebenso wie der des M.H.W. von örtlichen Bedingungen abhängig.
Nife: Abkürzung für das Nickel-Eisen, das den Erdkern zusammensetzen soll.

**P**anzerfische (= Placodermen): Fische, deren Wirbelsäule knorpelig, deren Rumpf mit dicken Knochenplatten gepanzert war; zu den ältesten Wirbeltieren gehörig.
Paroxysmus: Aufs höchste gesteigerte, explosive Tätigkeit, z. B. bei der Gebirgsbildung oder bei der vulkanischen Eruption.
Phosphorit: Konkretionäre Abart des Apatit, des Calciumphosphats.
Phyllit: Dünngeschieferte, seidigglänzende Schiefer, durch Metamorphose aus normalen Tonschiefern entstanden.
Plankton: Die passiv treibende Tierwelt des Meeres.
Pläner: Dünne, mergelige Kalkbänke der oberen Kreide, eigentlich „Plauener", nach dem Vorkommen bei Plauen genannt.
Pönsandstein: Helle, fossilarme Sandsteine des jüngeren Oberdevons im Sauerland.
Posidonienschiefer: Tonschiefer mit der Muschel Posidonia. Entweder kulmische Tonschiefer mit Posidonia becheri oder bituminöse Schiefer des Schwarzen Juras mit Posidonia bronni.
Priel: Wasserrinne des ungeschützten Gezeitenbereichs mit gezeitlich bedingter, abwechselnd entgegengesetzter Fließrichtung des Wassers.

**Q**uarz: $SiO_2$, das verbreitetste Mineral der Erdkruste.
Quarzit: Sandstein mit kieseligem Bindemittel.
Queller (= Salicornia herbacea): Bezeichnende, weltweit verbreitete Wattpflanze; grasgrün, scheinbar blattlos, aus rundlichen, gelenkartig verbundenen Gliedern bestehend.

**R**adiolarit: Aus Radiolarienschlick entstandenes Gestein, dessen Charakter als Tiefseebildung noch umstritten ist.
Rammelsberg: Berg bei Goslar am Nordwestrand des Harzes mit einer Schwefelkieslagerstätte in mitteldevonischen Schiefern.
Regression: Zurückschreiten des Meeres.
Riffkalk: Ungeschichteter Kalk, von koloniebildenden, kalkabscheidenden Organismen (Korallen, Bryozoen, Algen) erbaut.
Rippelmarken (= Rippeln): Durch flache Erhöhungen getrennte, parallele Furchen, die sich auf dem Grund flacher Gewässer oder in offenem Sande infolge der Wirbelbewegung von Wasser oder Luft bilden.
Roteisenerz (= Hämatit): $Fe_2O_3$, wichtiges Eisenerz.

**S**al oder Sial: Der vorwiegend Silicium und Aluminium enthaltende leichteste Teil der Erdrinde; spez. Gewicht 2,6—2,8.
Schalstein: Die verfestigten Tuffe von Diabaseruptionen.
Schelf: Der vom Meer bedeckte, flache Saum um die Kontinente. Erst bei 200 m Tiefe erfolgt der steile Abbruch zum eigentlichen Ozean.
Schill: Zusammenschwemmung von Schalenresten.
Schlick: Gleichbedeutend mit Schlamm.

Schorre: Der bei Niedrigwasser trockenliegende und bei Hochwasser vom Meere überflutete Küstenstreifen.

Schreibkreide: Aus Foraminiferen, Bryozoen u. a. bestehendes feines Sediment der oberen Kreideformation.

Schulp: Im Mantel der Tintenfische verborgene Kalkschale.

Schwerspat: Sehr verbreitet als Ganggestein bei sulfidischen Erzen. Bariumsulfat.

Seepocken (Balanus): Seßhafte Krebse mit kraterförmiger Kalkschale, in der Gezeitenzone an festen Gegenständen angeheftet.

Siegener Schichten: Grauwacken- und Tonschieferfazies der Siegenstufe des tieferen Unterdevons.

Sima: Der Silicium- und Magnesiumhaltige, schwerere Teil der Erdrinde; spez. Gewicht 2,9—3,1.

Sipho: Der Strang, der die Gaskammern der Cephalopodenschale durchsetzt.

Spülsaum: Am Strand abgelagertes Treibgut; bezeichnet den höchsten Stand des Hochwassers.

Strandhafer (= Calamagrostis arenaria): Pflanze der sandigen Küstenstrecken des Nordatlantik.

Tabulaten: Korallenähnliche, koloniebildende Tiere, deren Einzelkelche durch Querböden (= Tabulae) untergeteilt sind.

Taunusquarzit: Quarzit der Siegenstufe des tieferen Unterdevons im Rheinland.

Tentaculitenschiefer: Tonschiefer mit den Flügelschnecken Tentaculites und Styliolina aus dem unteren Mitteldevon.

Tiefengestein: Aus dem glutflüssigen Schmelzfluß, dem Magma, unter der Erdoberfläche erstarrt; im Gegensatz zu den Ergußgesteinen, die an der Oberfläche erstarren.

Ton: Verunreinigter Kaolin (Porzellanerde).

Transgression: Überflutung eines Landes durch das Meer.

Trockenrisse: Risse, die beim Austrocknen in tonigen Sedimenten entstehen. Wenn fossil vorkommend, Anzeichen für Trockenlaufen der Schichtfläche.

Tuff: Verkittete vulkanische Asche und Auswüflinge; deutlich geschichtet.

Variskische Faltung: Die große Faltungsperiode am Ende des Erdaltertums.

Variskisches Gebirge: Der vom französischen Zentralplateau ausgehende Gebirgsbogen, von dem unsere deutschen Mittelgebirge die Reste darstellen.

Wälderton: Brackisch-limnische Fazies der unteren Kreide Norddeutschlands und Südenglands.

Watt: Meeresgebiet, das infolge regelmäßiger, kosmisch bedingter Schwankungen des Wasserstandes (Gezeiten) abwechselnd trockenfällt und überflutet wird.

Wissenbacher Schiefer: Tonschiefer des unteren Mitteldevons rechts des Rheins.

# Sachverzeichnis.



* bedeutet abgebildete Versteinerung.